中等职业教育改革发展学校建设项目成果教材

计算机网络基础

主 编 方 华 王金龙

副主编 常彩虹 袁泽龙

参 编 董 雪 李 洁 韩振兴

机 械 工 业 出 版 社

本书将理论学习与实训相结合，由浅入深，循序渐进。本书共 10 个项目，主要内容包括计算机网络基础知识概述、认识网络硬件设备、组建局域网、规划与分配网络地址、配置与管理网络系统、接入与应用互联网、在局域网中进行资源共享、构建无线网络、使用网络常用命令、配置网络管理和网络安全设备。

本书可作为中等职业学校计算机网络技术专业和相关专业的教材，也可作为从事计算机网络工程技术和运行管理人员的参考用书。

本书配有电子课件，选用本书作为教材的教师可以从机械工业出版社教材服务网（www.cmpedu.com）免费注册下载或联系编辑（010-88379194）咨询。

图书在版编目（CIP）数据

计算机网络基础/方华，王金龙主编. —北京：
机械工业出版社，2013.9（2025.1 重印）
中等职业教育改革发展学校建设项目成果教材
ISBN 978-7-111-43785-7

Ⅰ. ①计… Ⅱ. ①方… ②王… Ⅲ. ①计算机网络—
中等专业学校—教材 Ⅳ. ①TP393

中国版本图书馆 CIP 数据核字（2013）第 197740 号

机械工业出版社（北京市百万庄大街 22 号　邮政编码 100037）
策划编辑：梁　伟　李绍坤　　责任编辑：李绍坤
封面设计：赵颖喆　　　　　　责任校对：李　丹
责任印制：李　昂
北京捷迅佳彩印刷有限公司印刷
2025 年 1 月第 1 版第 11 次印刷
184mm×260mm · 13 印张 · 323 千字
标准书号：ISBN 978-7-111-43785-7
定价：29.00 元

电话服务　　　　　　　　　网络服务
客服电话：010-88361066　　机 工 官 网：www.cmpbook.com
　　　　　010-88379833　　机 工 官 博：weibo.com/cmp1952
　　　　　010-68326294　　金 书 网：www.golden-book.com
封底无防伪标均为盗版　机工教育服务网：www.cmpedu.com

前　言

随着教育改革的不断深入，职业教育已进入一个迅速发展的历史阶段。计算机网络是当今计算机科学与技术学科中发展最为迅速的技术之一，也是计算机应用中最为普及和活跃的领域。可以预见，计算机网络的发展需要大量具有系统知识与实际技能的专门人才。编者在多年的教学中体会到现有的网络技术教材多数重理论轻实践，以学历教育的思想对待职业教育已不能适应培养专业技术人才的需要。随着教育改革的深入，任务驱动教学法在职业教育领域得到广泛的认可与应用。

本书以计算机网络基础知识为主线，以项目任务为驱动，遵循优化结构和精选内容的原则。全书共 10 个项目。

项目 1　计算机网络基础知识概述。主要介绍了计算机网络的定义、计算机网络分类和计算机网络的结构与功能。

项目 2　认识网络硬件设备。通过完成一台交换机的接入、线缆制作和对计算机系统进行配置等，学习网络相关设备的安装和配置等知识。

项目 3　组建局域网。通过组建局域网介绍局域网的工作原理、组成，通过 6 个实训学习交换机的相关知识和配置方法。

项目 4　规划与分配网络地址。通过将一个单位中两个独立的网络合并为一个网络，重新进行网络 IP 地址规划等，学习综合 IP 地址规划、在 IP 地址不足的情况下如何访问互联网等知识。

项目 5　配置与管理网络系统。通过对主机和服务器系统重新安装、网络资源重新配置等，学习 Windows 域与活动目录、DHCP 与服务、FTP 与服务等相关知识，学习相关服务器的配置建立方法。

项目6　接入与应用互联网。通过配置计算机接入互联网、组建 SOHO 办公和公司网络、VPN 环境搭建等，介绍互联网的接入与应用等相关知识。

项目7　在局域网中进行资源共享。通过共享文件夹、共享打印机和管理共享资源 3 个实训任务，学习在 Windows 系统中共享资源的相关知识。

项目8　构建无线网络。介绍无线局域网的工作原理和组成，通过 2 个实训学习无线局域网的配置方法。

项目 9　使用常用的网络命令。网络管理人员经常受到网络故障的困扰，通过介绍Windows XP/Windows 2003 操作系统中内置的网络测试工具，学习网络故障的排查方法等知识。

项目10　配置网络管理和网络安全设备。通过使用瑞星杀毒软件学习防火墙的配置方法，了解网络安全威胁与对策等知识。

教学建议：　建议用一个学期（90 学时左右）完成本课程教学，其中实训学时不低于 40

学时；在教学过程中用任务引导知识的讲解，结合相应的实训提高教学效果；老师可根据需要，对任务进行细化分解，也可对内容进行取舍。

本书由方华和王金龙任主编，常彩虹和袁泽龙任副主编，参加编写的还有董雪、李洁和韩振兴。其中，方华编写了项目 2、项目 4 和项目 9，王金龙编写了项目 1 的部分内容、项目 3、项目 8 和项目 10 的部分内容，常彩虹编写了项目 5，袁泽龙编写了项目 6，董雪编写了项目 1 的部分内容，李洁编写了项目 7，韩振兴编写了项目 10 的部分内容。

由于编者能力有限，加之计算机网络技术日新月异，书中难免有不妥和疏漏之处，恳请广大读者批评指正。

编　者

目 录

项目1 计算机网络基础知识概述

1. 计算机网络概述

20 世纪 60 年代，随着计算机技术的发展，人们逐渐无法满足没有通信机制的计算机系统了。科技人才将计算机与通信技术相结合，产生了计算机网络。人们可以借助计算机网络实现信息的交换和共享。如今，从政府机关、企业单位到家庭，随处都存在网络，随处都可以享受到网络给生活带来的便利。

网络，不仅是一项技术、一种应用，它还代表着一个时代、一种时尚。在众多的网络应用和技术中局域网一枝独秀，无论从技术还是从应用上都显示了自身的优势，成为目前最受关注的技术和应用之一。

2. 计算机网络的发展

计算机网络的发展和其他事物一样，也经历了从简单到复杂、从低级到高级的过程。在这一过程中，计算机技术与通信技术紧密结合，相互促进，共同发展，最终产生了计算机网络。在 20 世纪 40 年代中期，世界上第一台数字计算机问世，但当时计算机的数量非常少，成本非常昂贵。由于当时的计算机大都采用批处理方式，用户使用计算机首先要将程序和数据制成纸带或卡片，再送到计算中心进行处理。但是这种方式远远满足不了大量用户同时使用的要求，更加满足不了远端用户向计算机发送数据的需求。到了 20 世纪 50 年代，出现了一种被称作收发器（Transceiver）的终端，人们使用这种终端首次实现了将穿孔卡片上的数据通过电话线路发送到远地的计算机。此后，电传打字机也作为远程终端和计算机相连，用户可以在远地的电传打字机上输入自己的程序，而计算机计算出来的结果也可以传送到远地的电传打字机上并打印出来，计算机网络的雏形就这样诞生了。

为了能够接收远程终端发送到计算机的数据，当计算机和远程终端相连时，必须在计算机上增加一个接口，并且这个接口应当对计算机原来软件和硬件的影响尽可能小。这样就出现了线路控制器（Line Controller）。早期计算机通信如图 1-1 所示，图中的调制解调器 Modem 是为了将数据在数字信号和模拟信号之间转换而设计的。

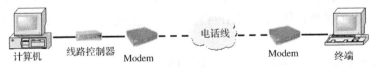

图1-1 早期计算机通信

（1）第一代计算机网络

由于远程终端数量的增加，为了解决一台计算机使用多个线路控制器的问题，在 20 世纪 60 年代初期，开发出多重线路控制器。它相当于一台多口的线路控制器，可以同时和多个终端同时通信，这种最简单的通信网称为第一代计算机网络，如图 1-2 所示。

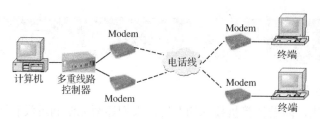

图1-2　第一代计算机网络

（2）第二代计算机网络

为了克服第一代计算机网络的缺点，提高网络的可靠性和可用性，人们开始研究将多台计算机相互连接的方法。

早期的面向终端的计算机网络是以单个主机为中心的星形网，各终端通过电话网共享主机的硬件和软件资源。但分组交换网则以通信子网为中心，主机和终端都处在网络的边缘，如图1-3所示。主机和终端构成了用户资源子网。用户不仅共享通信子网的资源，而且还可以共享用户资源子网中丰富的硬件和软件资源。这种以通信子网为中心的计算机网络通常被称为第二代计算机网络。

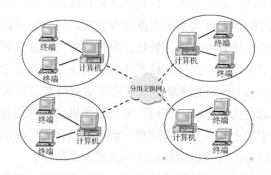

图1-3　分组交换网

（3）第三代计算机网络

在 ISO/OSI 参考模型推出后，网络的发展一直走标准化道路，而网络标准化的最大体现就是互联网的飞速发展。现在互联网已成为世界上最大的国际性计算机网络。互联网遵循 TCP/IP 参考模型，因为 TCP/IP 仍然使用分层模型，所以互联网仍属于第三代计算机网络。

（4）宽带和多媒体相结合的第四代计算机网络

计算机网络的发展既受到计算机科学技术和通信科学技术的支持，又受到网络应用需求的推动。如今，计算机网络从体系结构到实用技术已逐步走向系统化、科学化和工程化。作为一门年轻的学科，它具有极强的理论性、综合性和依赖性，又具有自身特有的研究内容。它必须在一定的约束条件下研究如何合理、有效地管理和调度网络资源（如链路、带宽和信息等），提供适应不同应用需求的网络服务和拓展新的网络应用。

3．计算机网络的定义

随着计算机网络的发展，每一个时期，计算机网络的定义是不同的。在现阶段，计算机网络的定义为计算机网络是把处在不同地理位置的独立计算机，用通信介质将设备互联的结构，辅以网络软件进行控制，达到资源共享和协同操作的目的。

4．资源子网和通信子网

从计算机网络各组成部件的功能来看，各部件主要完成两种功能，即网络通信和资源共享。把网络中实现资源共享功能的设备及其软件的集合称为资源子网，把计算机网络中实现网络通信功能的设备及其软件的集合称为网络的通信子网，如图1-4所示。

1）资源子网。计算机网络首先是一个通信网络，各计算机之间通过通信媒体、通信设备进行数字通信，在此基础上各计算机可以通过网络软件共享其他计算机上的硬件资源、软件资源和数据资源。在局域网中，资源子网主要由网络的服务器、工作站、共享的打印机和其他设备及相关软件组成。资源子网的主体为网络资源设备，如下。

①用户计算机（也称工作站）。

②网络存储系统。

③网络打印机。

④独立运行的网络数据设备。

⑤网络终端。

⑥服务器。

⑦网络上运行的各种软件资源。

⑧数据资源。

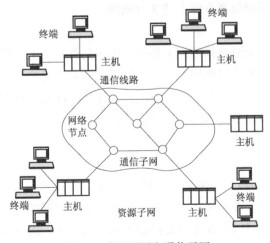

图1-4　资源子网和通信子网

2）通信子网。是指网络中实现网络通信功能的设备及其软件的集合，通信设备、网络通信协议、通信控制软件等属于通信子网，是网络的内层，负责信息的传输。主要为用户提供数据的传输、转接、加工和变换等。通信子网主要包括中继器、集线器、网桥、路由器和网关等硬件设备。

通信子网的设计一般有如下 2 种方式。

1）点到点通道。

2）广播通道。

5．计算机网络的分类

计算机网络的实质是独立自治、相互连接的计算机集合。独立自治意味着每台联网的计算机是完整的计算机系统，可以独立运行用户的作业；相互连接意味着两台计算机之间能够相互交换信息。计算机之间的连接是物理的，由硬件实现。计算机连接所使用的介质可以是双绞线、同轴电缆或光纤等有线介质，也可以是无线电、激光、大地微波或卫星微波等无线介质。计算机之间的信息交换具有物理和逻辑上的双重含义。在计算机网络的最底层（通常为物理层），信息交换体现为直接相连的两台机器之间无结构的比特流传输；在物理层之上的各层所交换的信息便有了一定的逻辑结构，越往上逻辑结构越复杂，也越接近用户真正需要的形式。信息交换在低层由硬件实现，而到了高层则由软件实现。在上述定义中之所以强调联网计算机的"独立自治"性，主要是为了将计算机网络与主机加终端构成的分时系统，以及与主机加从属计算机构成的主从式系统区分开。如果一台计算机带有多台终端和打印机，则通常这种系统被称为多用户系统，而不是计算机网络；而由一台主控机带多台从控机构成的系统是主从式系统，也不是计算机网络。

按网络覆盖范围的大小，将计算机网络分为局域网（LAN）、城域网（MAN）和广域网（WAN）。网络覆盖的地理范围是网络分类的一个非常重要的度量参数，因为不同规模的网络将采用不同的技术。下面简要介绍上述 3 种网络。

（1）LAN

LAN（Local Area Network，局域网）是指范围在几百米到十几千米内办公楼群或校园内的计算机相互连接所构成的计算机网络。计算机局域网被广泛应用于连接校园、工厂以及机关的个人计算机或工作站，以利于个人计算机或工作站之间共享资源（如打印机）和数据通信。局域网区别于其他网络主要体现在两个方面：网络所覆盖的物理范围较近；网络使用的是局域网传输技术。

（2）MAN

MAN（Metropolitan Area Network，城域网）所采用的技术基本上与局域网类似，只是规模要大一些。城域网既可以覆盖相距不远的几栋办公楼，也可以覆盖一个城市；既可以是私人网，也可以是公用网。城域网既可以支持数据和话音传输，也可以与有线电视相连。

（3）WAN

WAN（Wide Area Network，广域网）通常跨越很大的地理范围，如一个国家。广域网包含很多用来运行用户应用程序的计算机集合，通常把这些计算机叫作主机（host）；把这些主机连接在一起的是通信子网（Communication Subnet）。通信子网的任务是在主机之间传送报文。将计算机网络中通信部分的子网与应用部分的主机分离开来，可以大大简化网络的设计。

按照使用技术的不同，局域网又可以分为令牌环和以太网两种。

（1）令牌环

令牌环是由连在一个环中的节点集组成的，如图 1-5 所示。数据总以一个特定方向在环上流动，每个节点从它的上游邻接点接收帧，然后将它们发送到它的下游邻接点。这种基于环的拓扑结构与以太网的总线结构相对应。类似于以太网，环可以被看作是一个单一共享介质，它并不像碰巧配置在一个环中的独立的点到点链路的集合那样运转。

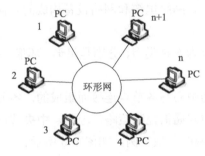

图1-5　令牌环

在令牌环中，术语"令牌"（token）来自于访问共享环是可管理的方式。其思想是一个令牌（实际上只是一个特殊的比特序列）在环上循环，每个节点收到令牌后转发它。当一个有帧要传输的节点看到令牌时，它把令牌从环上取下（即它不转发这个特定比特模式），将自己的帧插入环中。沿路的每个节点简单地转发帧，目的节点保存一个该帧的复制帧，然后将消息转发给它的下一个节点。当帧返回到发送方时，这个节点将帧取下来（而不是继续转发它），然后再插入令牌。以这种方式，某个下游的节点将有机会发送一个帧。介质访问算法是公平的，因为令牌绕着环循环，每个节点都有机会发送帧。令牌环以轮转的方式为节点提供服务。

（2）以太网

以太网是一个正在使用的、更通用的局域网技术，它是 20 世纪 70 年代中期由施乐公司（Xerox）的 Palo Alto 研究中心（PARC）开发的，后来，数字设备公司（DEC）和英特尔公司（Intel）也加入进来。1978 年，数字设备公司（DEC）和英特尔公司（Intel）联合施乐公司（Xerox）定义了 10Mbit/s 以太网标准。这个标准后来成为 IEEE 标准 802.3 的基础。现在它已经扩展到包括一个被称为快速以太网的 100 Mbit/s 版本和一个称为吉比特以太网的 1000Mbit/s 版本。

最早的以太网结构，便是前面讲到的总线型结构。现在，比较流行的以太网结构是星形、总线型/星形和树形。

网络逻辑结构就是计算机在网络中的角色。按照网络逻辑结构可以分为两种类型。

（1）对等网（Peer to Peer）

对等网就是在一个网络中不需要专用的服务器，每台接入网络的计算机既是服务器也是工作站，拥有绝对的自主权，并且相互间是平等关系。同时，不同的计算机之间可以实现互访，进行文件交换和共享其他计算机上的打印机。

（2）客户机/服务器结构（Client/Server）

客户机/服务器结构的特点是网络中必须至少有一台专用服务器，而且所有的工作站都必须以服务器为中心，所有的工作站由服务器统一管理。

6. 计算机的网络拓扑结构

网络拓扑结构是指计算机、网络电缆和网络设备构成的几何形状，它能表示出网络组件互相之间的连接关系。

网络拓扑结构按形状可分为 5 种类型，分别是星形、环形、总线型、树形及总线型/星形。

（1）星形拓扑结构

星形布局是以中央节点为中心与各节点连接而组成的，各节点与中央节点通过点对点的方式连接，中央节点执行集中式通信控制策略，因此，中央节点相当复杂，负担也重。目前流行的 PBX 就是星形拓扑结构的典型实例，如图 1-6 所示。

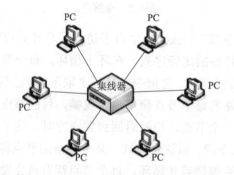

图1-6　星形拓扑结构

（2）环形拓扑结构

环形网中的各节点通过环路接口连在一条首尾相连的闭合环形通信线路中，环路上的任何节点均可以请求发送信息。请求一旦被批准，便可以向环路发送信息。环形网中的数据可以是单向传输也可是双向传输。由于环线公用，一个节点发出的信息必须穿越环中所有的环路接口，当信息流中的目的地址与环上某节点的地址相符时，信息被该节点的环路接口所接收，然后信息继续流向下一个环路接口，一直流回发送该信息的环路接口节点为止，如图 1-7 所示。

（3）总线型拓扑结构

用一条称为总线的中央主电缆，将相互之间以线性方式连接的工作站连接起来的布局方式，称为总线型拓扑，如图 1-8 所示。

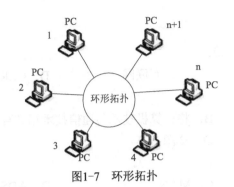

图1-7 环形拓扑   图1-8 总线型拓扑

在总线型结构中，所有网上节点都通过相应的硬件接口直接连在总线上，任何一个节点的信息都可以沿着总线向两个方向传输扩散，并且能被总线中的任何一个节点接收。其信息向四周传播，类似于广播电台，故总线型网络也被称为广播式网络。

总线有一定的负载能力，因此，总线长度有一定限制，一条总线也只能连接一定数量的节点。总线型拓扑结构最好用于小型办公室或家庭办公室的局域网，这是因为，虽然这种结构安装简单且不昂贵，但它的可扩展性不好，并且容错性也不好，总线型拓扑结构上的一个中断错误将影响网络中的所有设备，不只是与它直接相连的设备。因此，总线型拓扑结构难以进行故障检修。

（4）总线型/星形拓扑结构

用一条或多条总线把多组设备连接起来，相连的每组设备呈星形分布。采用这种拓扑结构，用户很容易配置或重新配置网络设备。总线采用同轴电缆，星形配置可采用双绞线。

（5）树形拓扑结构

树形拓扑结构是总线型拓扑结构的扩展，它是在总线型拓扑结构上加上分支形成的，其传输介质可以有多条分支，但不形成闭合回路，树形网是一种分层网，其结构可以对称，联系固定，具有一定的容错能力，一般一个分支和节点的故障不影响另一个分支节点的工作，任何一个节点送出的信息都可以传遍整个传输介质，也是广播式网络。一般树形网上的链路相对具有一定的专用性，无须对原来的网络作任何改动就可以扩充工作站。

1. 填空题

1）一个网络从功能角色上可以划分为（　　　　　　　　）和（　　　　　　　　）。

2）在计算机网络的定义中，一个计算机网络包含多台具有（　　　　　　　）功能的计算机；把众多计算机有机连接起来要遵循规定的约定和规则，即（　　　　　　　）；计算机网络的最基本特征是（　　　　　　　）。

3）计算机网络分类方法有很多种，如果从覆盖范围来分，则可以分为局域网、（　　　　　　　）和（　　　　　　　）。

7

2．选择题

1）世界上第一个计算机网络是（　　　　）。

A．ARPANET　　　　　　B．ChinaNet　　　　　　C．互联网　　　　　　D．CERNET

2）计算机互联的主要目的是（　　　　）。

A．制定网络协议　　　　　　　　　　　B．将计算机技术与通信技术相结合

C．集中计算　　　　　　　　　　　　　D．资源共享

3）一座大楼内的一个计算机网络系统，属于（　　　　）。

A．WAN　　　　　　B．LAN　　　　　　C．MAN　　　　　　D．ADSL

4）计算机网络拓扑结构，可划分为（　　　　）。

A．以太网和移动通信网

B．电路交换网和分组交换网

C．局域网、城域网和广域网

D．星形拓扑结构、环形拓扑结构和总线型拓扑结构

3．简答题

1）简述计算机网络的发展阶段。

2）通信子网与资源子网分别由哪些主要部分组成？其主要功能是什么？

项目 2 认识网络硬件设备

小王刚到公司，被安排帮助财务部完成接入互联网的任务，使用一台交换机接入，关键是线缆和个人计算机需要重新配置一下。

局域网中的网络硬件主要包含网络电缆、无线介质和网络设备三大类。

1. 网络电缆

常见的网络电缆主要有同轴电缆、双绞线电缆和光缆等。

（1）同轴电缆

同轴电缆，英文简写为"Coax"。同轴电缆包括由绝缘体包围的一根中央铜线、一个网状金属屏蔽层以及一个塑料封套。一种典型的同轴电缆如图 2-1 所示。材料的不同将影响它们的阻抗（或电阻，用于控制信号，用 Ω 表示）、吞吐量以及典型的用途。几种典型的同轴电缆的规格说明见表 2-1。

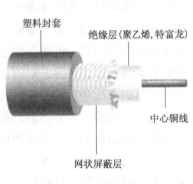

图2-1 同轴电缆

表 2-1 典型的同轴电缆

规 格	类 型	阻 抗/Ω	描 述
RG-58/U	Thinwire	50	固体实心铜线
RG-58 A/U	Thinwire	50	胶合线
RG-58 C/U	Thinwire	50	RG-58 A/U 的军用版本
RG-59	CATV	75	宽带电缆，用于 TV 电视
RG-8	Thinwire	50	标准实心线，直径 0.4in
RG-11	Thinwire	50	标准实心线，直径 0.4in
RG-62	Baseband	90	用于 ARCnet 和 IBM3270 终端

（2）Thicknet（粗缆、10Base5）

Thicknet 电缆，也被称之为 Thickwire Ethernet。它是一种用于原始 Ethernet 网络大约 1cm 厚的硬同轴电缆。由于这种电缆常用一层黄色封套覆盖，Thicknet 有时也被称为"yellow

Ethernet"或"yellow garden hose"。IEEE 将 Thicknet 命名为"10Base5 Ethernet"。"10"代表 10Mbit/s 的吞吐量，"Base"代表基带传输，"5"代表了 Thicknet 电缆的最大段长度为 500m。

它的最大段长度为 500m，为降低站点之间的最小化干扰，网络设备应分隔 2.5m。

（3）Thinnet（细缆、10Base2）

Thinnet，也被称为 Thin Ethernet。在 20 世纪 80 年代是用于 Ethernet 局域网的最流行的介质。Thinnet 很少用于现代网络中，但在 20 世纪 80 年代安装的网络中，或在一些较新的小型办公室或家庭办公室局域网中可能会发现 Thinnet。IEEE 将 Thinnet 命名为"10Base2 Ethernet"，其中"10"代表了它的数据传输速度为 10Mbit/s，"Base"代表了它使用基带传输，"2"代表了它的最大段长度为 185m（或粗略为 200）。

（4）双绞线电缆

双绞线（TP）电缆类似于电话线，由绝缘的彩色铜线对组成，每根铜线的直径为 0.4～0.8mm，两根铜线互相缠绕在一起，如图 2-2 所示。双绞线对中的一根电线传输信号信息，另一根被接地并吸收干扰。将两根线缠绕在一起有助于减少近端串扰。近端串扰是通过分贝（dB）进行度量的。当附近电线传输的信号损害了另一对的信号时，即发生了所谓的近端串扰现象。近端串扰的另一种形式是电缆间近端串扰，主要发生于相邻电缆的信号干扰另一根电缆的信号传输。若网络管理员将许多电缆捆在一起，电缆间近端串扰将成为一个真正的危害。

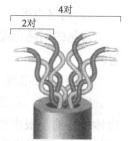

图2-2　双绞线电缆

在一对双绞线中，每英寸的缠绕越多，对所有形式的噪声的抗噪性就越好。质量越好、价格越高的双绞线电缆在每英寸中也必将包含越多的缠绕。每米或每英尺的缠绕率也将导致更大的衰减，为性能最优化，电缆生产厂商必须在串扰和衰减减小之间取得一个平衡。

由于双绞线被广泛用于许多不同的领域以及不同的目的，它形成了上百种不同的设计形式。这些设计的不同之处在于它们的缠绕率、它们所包含的电线对的数目、所使用的铜线级别、屏蔽类型（若有）以及屏蔽使用的材料。一根双绞线电缆可以包括 1～4200 对电线对，早期的网络电缆合并了两对电线对：一对负责发送数据，一对负责接收数据。现代网络一般使用包含 2～4 对电线对的电缆，从而可有多根电线同时发送和接收数据。

1991 年，TIA（电信工业协会）和 EIA（电子工业协会），在 TIA/EIA 568 标准中完成了他们对双绞线的规范说明。从那以后，这两个组织一直继续在为新的以及被修改的传输介质修订国际标准。他们的标准目前覆盖的内容包括电缆介质、设计以及安装规范。TIA/EIA 568 标准将双绞线电线分割成若干类，包括 1、2、3、4 或 5 类，不久又出现了 6 类，所有这些电缆都必须符合 TIA/EIA 568 标准，局域网经常使用 3 类或 5 类双绞线。

双绞线电缆是目前局域网中最通用的电缆形式，它相对便宜，灵活且易于安装，同时在需要一个中继器放大信号前能跨越更远的距离（虽然不如同轴电缆传送的远）。双绞线电缆能轻易地应用于多种不同的拓扑结构中，但更经常地是应用于星形拓扑结构中。此外，双绞线电缆能应付当前所采用的更快的网络传输速度。由于双绞线电缆的广泛使用，它有可能被应用于不久将出现的传输速度更快的网络中。双绞线电缆由于其灵活性，比同轴电缆更易遭受物理损害。所有的双绞线电缆可以分为两类，即屏蔽双绞线（STP）以及非屏蔽双绞线（UTP）。

1）屏蔽双绞线。

屏蔽双绞线（STP）电缆中的缠绕电线对被一种如金属箔制成的屏蔽层所包围，而且每个线对中的电线也是相互绝缘的。一些 STP 使用网状金属屏蔽层。这层屏蔽层如同一根天线，将噪声转变成直流电，该直流电在屏蔽层所包围的双绞线中形成一个大小相等，方向相反的直流电（假设电缆被正确接地）。屏蔽层上的噪声与双绞线上的噪声反相，从而使得两者相抵消。影响 STP 屏蔽作用的因素包括环境噪声的级别和类型，屏蔽层的厚度和所使用的材料，接地方法以及屏蔽的对称性和一致性。STP 电缆如图 2-3 所示。

图2-3　STP电缆

2）非屏蔽双绞线。

非屏蔽双绞线（UTP）电缆包括一对或多对由塑料封套包裹的绝缘电线对。正如名称所示，UTP 没有用来屏蔽双绞线的额外的屏蔽层。因此，UTP 比 STP 更便宜，抗噪性也相对较低。UTP 电缆如图 2-4 所示。IEEE 已将 UTP 电缆命名为"10BaseT"，其中"10"代表最大数据传输速度为 10Mbit/s，"Base"代表采用基带传输方法传输信号，"T"代表 Twist pair。

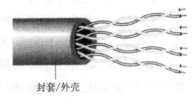

图2-4　UTP电缆

为管理网络电缆，需要熟悉用于现代网络的一些标准，特别是 3 类和 5 类 UTP。

1）1 类线（CAT1）。一种包括 2 个电线对的 UTP 形式。1 类线适用于话音通信，而不适用于数据通信，它每秒最多只能传输 20 千位（kbit/s）的数据。

2）2 类线（CAT2）。一种包括 4 个电线对的 UTP 形式。数据传输速率可以达到 4Mbit/s，但由于大部分系统需要更高的吞吐量，2 类线很少用于现代网络中。

3）3 类线（CAT3）。一种包括 4 个电线对的 UTP 形式。在带宽为 16MHz 时，数据传输速度最高可达 10Mbit/s，3 类线一般用于 10Mbit/s 的 Ethernet 或 4Mbit/s 的 Token Ring。虽然 3 类线比 5 类线便宜，但为了获得更高的吞吐量，网络管理员已全面用 5 类线代替 3 类线。

4）4 类线（CAT4）。一种包括 4 个电线对的 UTP 形式。它能支持高达 10Mbit/s 的吞吐量，CAT4 可用于 16Mbit/s 的 Token Ring 或 10Mbit/s 的 Ethernet 网络中。它可以确保信号带宽高达 20MHz，并且与 CAT1、CAT2 或 CAT3 相比，它能提供更多的保护以防止串扰和衰减。

5）5 类线（CAT5）。用于新网安装及更新到快速 Ethernet 的最流行的 UTP 形式。CAT5 包括 4 个电线对，支持 100Mbit/s 吞吐量和 100Mbit/s 信号速率，除 100Mbit/s Ethernet 之外，CAT5 电缆还支持其他快速联网技术，例如，异步传输模式（ATM）。CAT5 UTP 电缆如图 2-5 所示。

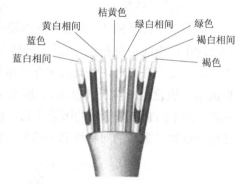

图2-5　GAT5 UTP电缆

6）增强 CAT5。它是 CAT5 电缆的更高级别的版本。它包括高质量的铜线，能提供一个高的缠绕率，并使用先进的方法以减少串扰。增强 CAT5 能支持高达 200MHz 的信号速率，是常规 CAT5 容量的 2 倍。

7）6 类线（CAT6）。包括 4 对电线对的双绞线电缆。每对电线被箔绝缘体包裹，另一层箔绝缘体包裹在所有电线对的外面，同时第一层防火塑料封套包裹在第二层箔层外面。箔绝缘体对串扰提供了较好的阻抗，从而使得 CAT6 能支持的吞吐量是常规 CAT5 吞吐量的 6 倍。

8）7 类线（CAT7）。是一种 8 芯屏蔽线，每对都有一个屏蔽层（一般为金属箔屏蔽 DINTEK），8 根芯外还有一个屏蔽层（一般为金属编织丝网屏蔽 DINTEK），接口与现在的 RJ-45 不兼容，如图 2-6 所示。7 类线可以提供至少 500MHz 的综合衰减对串扰比和 600MHz 的整体带宽，是 6 类线的 2 倍以上，传输速率可达 10Gbit/s。

图2-6　7类双绞线

（5）光缆

光缆的中心部分包括了一根或多根玻璃纤维（光纤），通过从激光器或发光二极管发出的光波穿过中心纤维来进行数据传输。在光纤的外面，是一层称为包层的玻璃。它如同一面镜子，将光反射回中心，反射的方式根据传输模式而不同。这种反射允许纤维的拐角处弯曲而不会降低通过光传输的信号的完整性。在包层外面，是一层塑料的网状的 Kevlar（一种高级的聚合纤维），以保护内部的中心线。最后一层塑料封套覆盖在网状屏蔽物上。图 2-7 显示了一根光缆的不同层面。

光纤可分为单模光纤和多模光纤两种。单模光纤携带单个频率的光将数据从光纤的一端传输到另一端。单模光纤数据传输的速度更快，并且距离也更远。但是这种光纤成本比较高。相反，多模光纤可以在单根或多根光纤上同时携带几种光波。这种类型的光纤通常用于数据网络。图 2-8 象征性地描述了单模光纤和多模光纤之间的差异。

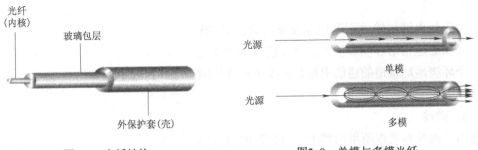

图2-7 光纤结构 　　　　　　　　图2-8 单模与多模光纤

光纤的优点是几乎无限的吞吐量、非常高的抗噪性以及极好的安全性。光纤无需像铜线一样传输电信号，因而它不会产生电流，传输的信号可以保持在光纤中而不会被轻易截取，除非在目标节点处。而通过侵入网络，就可以监视铜线产生的信号。光纤传输信号的距离也比同轴电缆或双绞线所能传输的距离要远得多。光纤广泛用于高速网络行业。使用光纤最大的障碍是成本，另一个缺点是光纤一次只能传输一个方向的数据。为了克服单向性的障碍，每根光缆必须包括 2 股光纤，一股用于发送数据，一股用于接收数据。

单模光纤传输距离远远大于多模光纤。光纤采用高纯度的石英玻璃材料，在光波长为 1550nm 附近衰减达到最小（接近理论极限 0.2dB/km）。只有驻波才能在光纤中稳定存在并且传输，驻波是激光在光纤中经过多次反射和干涉的结果，是离散的。单模激光传输时只有一个光斑（主模），而多模激光传输时有多个光斑。单模光纤只传输主模，即光线只沿着光纤的轴心传输，完全避免了色散和光能量的浪费。而且单模一般用波长为 1310nm 或 1550nm 的激光，接近石英的最小衰减波长 1550nm。多模光纤传输主模或多个其他模，光线会沿着光纤的边缘壁不断反射，有许多色散和光能量的浪费。而且多模一般用波长为 850nm 或 1310nm 的激光。实际上大多采用 850nm 波长，远离石英的最小衰减波长 1550nm。单模光纤的价格与多模光纤的价格几乎是一样的。单模传输距离 50～100km，而多模只有 2～4km。单模光纤逐步取代多模光纤通信使 RS-232/RS-485 的光纤通信成为发展趋势。选用多模光纤转换器一般是在距离比较近，同时价格比较低的情况下。

2．无线介质

无线网络是指无需任何线缆即可实现计算机之间互联的网络。无线网络的适用范围非常广泛，它能够替代传统的物理布线，尤其在传统布线无法解决的环境或行业中起到至关重要的作用。无线网络中常见的网络介质有无线电波、卫星、微波、红外线和激光 5 种。

（1）无线电波

除了用于无线电广播和电视节目以及用于移动电话的个人通信，无线电波也可用于传输计算机数据。一个使用无线电波通信的网络通常被称为是运行在射频（Radio Frequency，RF）上的，并且其传输也被称为 RF 传输。

（2）卫星

虽然无线电波传输并不沿地球表面弯曲，但 RF 技术可以和卫星相结合以提供长距离通信。图 2-9 展示了一个环绕地球轨道的通信卫星如何提供越洋的网络连接。

（3）微波

超出无线电和电视所用的频率范围的微波也能用于传播信息，许多长途电话公司使用微波传输电话通信。一些大公司也安装了微波通信系统作为公司网络

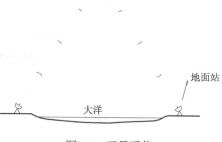

图2-9 卫星通信

的一部分。虽然微波就是频率较高的无线电波，但它们的性质并不相同。与无线电波向各个方向传播不同，微波传输集中于某个方向，可以防止他人截取信号。另外，微波能比用 RF 传输承载更多的信息。但是，微波不能穿透金属结构。微波传输在发送器和接收器之间存在无障碍的通道时工作得很好。因此，绝大多数微波装置都设有高于周围建筑物和植被的高塔，并且其发送器都直接朝向对方高塔上的接收器。

（4）红外线

电视和立体声系统所使用的遥控器是用红外线进行通信的。红外线一般局限于一个很小的区域（例如，在一个房间内），并且通常要求发送器直接指向接收器。红外硬件与采用其他机制的设备比较相对便宜，且不需要天线。计算机网络可以使用红外技术进行数据通信。例如，为一个大房间配备一套红外连接以使该房间内的所有计算机在房间内移动时仍能和网络保持连接。红外网络对小型的便携计算机尤为方便，因为红外技术提供了无需天线的无绳连接。这样，使用红外技术的便携计算机可将所有的通信硬件放在机内。

（5）激光

通过光纤可把光用于通信中。此外，光也能用于在空中传输数据。和微波通信系统相似，采用光的通信连接通常由两个站点组成，每个站点都拥有发送器和接收器，设备安装在一个固定的位置，经常在一个高塔上，并且相互对齐，以便一个站点的发送器将光束直接传输至另一个站点的接收器。发送器使用激光器产生光束，因为激光能在很长距离内保持聚焦。

和微波传输相似，激光器发出的光束也是直线传输，并且不能被遮挡。激光光束不能穿透植物以及雨、雪、雾等多种气候条件，因此激光传输的应用受到限制。

3．网络设备

网络不仅有通信电缆、无线电波和接口，而且还有许多网络传输设备使其成为具有一定功能的拓扑结构。倘若没有专门的传输设备，LAN 就只能是几个没有用途的节点，而 WAN 也就不会存在。

（1）网络接口卡

网络接口卡常被称为网络适配器，如图 2-10 所示。它是一种

图2-10 网络接口卡

连接设备，能够使工作站、服务器、打印机或其他节点通过网络介质接收并发送数据。

网络接口卡的类型根据它所依赖的网络传输系统不同（如以太网与令牌环）而不同，还与网络传输速率（如 10Mbit/s 与 100Mbit/s）、连接器接口（如 BNC 与 RJ-45）以及兼容的主板或设备的类型有关。当然，与制造商也有关。

（2）中继器（见图 2-11）

由于信号衰减的原因，在真实的网络中，10Base5 要限制在500m 之内，而 10Base2 要限制在 185m 之内，这种限制对于需要远距离连接的网络来说很不方便。中继器可使网络到达远方的用户，距离可以超出以太网传输标准要求的一条电缆敷设路线的长度。中继器连接两个或多个电缆段并将进入的所有信号重新传输到其他段上。中继器执行的功能为放大输入的信号，调整信号时间，在所有电缆敷设路线上重新产生信号。

图2-11 中继器

（3）集线器

集线器相当于多口的中继器，具有同时活动的多个输入和输出端口。集线器是以星形拓扑结构连接网络节点如工作站、服务器等的一种中枢网络设备。

集线器主要的工作原理为任何一台计算机发送信息时，将信息从所属端口交给集线器，集线器收到信息后，对信号进行放大，再以广播形式发给所有端口。所有端口上的计算机都可以收到该信息，所有计算机都检查信息是否是给自己的，如是便接收，否则抛弃。

从集线器的工作原理上来说，集线器的工作速度是较快的，因为它收到信号后，对信号不作任何处理，直接发送。但是，当信息从所有端口发送出去后，所有其他端口上的计算机都不能同时发送信息，也就是同一时间，集线器上只能有一台计算机发送信息，若有第二台计算机发送信息，便会产生冲突。从这一点上来看，实际上集线器所连接的所有计算机都在共享同一带宽。换句话说，如果一台 10Mbit/s 的集线器连接了 10 台计算机，所有的 10 台计算机都在共享一个 10Mbit/s 带宽，相当于每台计算机只有 1Mbit/s 的带宽。

图2-12 集线器

（4）网桥

网桥这种设备看上去类似于中继器。它具有单个的输入端口和输出端口。它与中继器的不同之处在于它能够解析收发的数据。网桥能够解析它所接收的信号，并能指导如何把数据传送到目的地。特别是它能够读取目标地址信息（MAC），并决定是否向网络的其他段转发（重发）数据包，而且，如果数据包的目标地址与源地址位于同一段，则可以把它过滤掉。当节点通过网桥传输数据时，网桥就会根据已知的 MAC 地址和它们在网络中的位置建立过滤数据库（也就是人们熟知的端口地址映射表）。网桥利用过滤数据库来决定是转发数据包还是把它过滤掉，如图 2-13 所示。

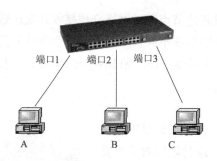

端口号	MAC地址
1	A
2	B
3	C

图2-13　网桥的工作原理

（5）交换机

这些年来，随着连接设备硬件技术的提高，已经很难再把集线器、交换机、路由器和网桥相互之间的界限划分得很清楚了。交换机这种设备可以把一个网络从逻辑上划分成几个较小的段。并且，它还能够解析出 MAC 地址信息。从这个意义上讲，交换机与网桥相似。但事实上，它相当于多个网桥，如图 2-14 所示。

图2-14　交换机

交换机的每一个端口都扮演一个网桥的角色，而且每一个连接到交换机上的设备都可以享有它们自己的专用信道。换言之，交换机可以把每一个共享信道分成几个信道。

（6）路由器

路由器是一种多端口设备，它可以连接不同传输速率并运行于各种环境的局域网和广域网，也可以采用不同的协议。路由器可以实现从一个网络向另一个网络的数据传输。

由于它有可配置性，安装路由器并非易事。一般而言，技术人员或工程师必须对路由技术非常熟悉才能知道如何放置和设置路由器方可发挥出其最好的效能。图 2-15 表示了路由器在简单网络中是如何连接的。

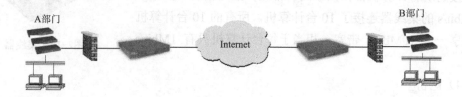

图2-15　网络中的路由器

（7）机房设备

1）机柜。

机柜用于放置网络设备，便于集中管理。利用机柜，可以把这些设备规划得很整洁，把所有设备装在一个机柜中，起到减少设备被划、碰伤的可能。同时，它可以在一定程度上保护网络设备的物理安全。机柜都是标准 19in 宽，在选择机柜时仅考虑高度即可。

标准机柜的结构比较简单，主要包括基本框架、内部支撑系统、布线系统、通风系统。对于一般标准机柜而言，其外形有宽度、高度和深度 3 个常规指标。一般工控设备、交换机、路由器等设计宽度都为 19in（其安装宽度约为 465mm 或 483mm）、23in（其安装宽度约为 584mm），其中 19in 标准机柜的物理宽度通常有 600mm 和 800mm 两种，机柜高度一般在 0.7～ 2.4m 之间，根据柜内设备的多少和统一格调而定，通常厂商可以定制特殊的高度和深度，常见的成品 19in 标准机柜的高度约为 1.2～2.2m。机柜的深度一般为 400～800mm，根据柜内设备的不同也可定制特殊尺寸，较常见的成品 19in 标准机柜深度约为 500mm、600mm 或 800mm，如图 2-16 所示。

2）配线架、信息面板和网络模块。

配线架安放在机柜内，用于网线转接架，其固定端（后端）连接各房间，前端为插孔，通过跳线连接网络设备，如图 2-17 所示。信息面板和网络模块用于房间内，固定于墙上，网络模块的后端通过网线连接中心机房，前端则使用跳线连接 PC，分别如图 2-18 和图 2-19 所示。

图2-16　网络机柜

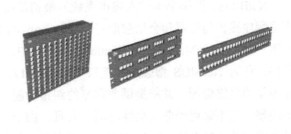

图2-17　配线架

图2-18　信息面板

图2-19　网络模块

4．网络协议

网络协议是计算机之间交流的语言，规定了语言规则，对网络设备之间的通信指定了标准。没有网络协议，设备不能解释由其他设备发送来的信号，数据不能传输到任何地方。常见的网络协议主要有 TCP/IP、IPX/SPX 和 NetBEUI（NetBIOS）。

（1）TCP/IP

TCP/IP 不是一个简单的协议，而是一组专业化协议，包括 TCP、IP、UDP、ARP、ICMP

以及其他的一些被称为子协议的协议。TCP/IP 的前身是由美国国防部在 20 世纪 60 年代末期为其远景研究规划署网络（ARPANET）而开发的。

TCP/IP 的优势之一是其可路由性，也就意味着两个使用 TCP/IP 的网络可以用路由器相连接。TCP/IP 还具有灵活性，可在多个网络操作系统（NOS）或网络介质的联合系统中运行。然而由于它的灵活性，TCP/IP 需要更多的配置。

（2）IPX/SPX

IPX/SPX（网际包交换/序列包交换）最初是由 Xerox 开发的一种协议，在 20 世纪 80 年代由 Novell 进行修改并应用于它的 NetWare 网络操作系统。IPX/SPX 需要确保运行 NetWare 版本 3.2 及更低版本的局域网间可以互操作，并能用于运行 NetWare 操作系统更高版本的局域网上。其他的网络操作系统，如 Windows NT 和工作站操作系统如 Windows95，能使用 IPX/SPX 与 Novell NetWare 系统进行网际互连。在 Windows NT 网络操作系统中，IPX/SPX 被称为 NWLink。

（3）NetBEUI（NetBIOS）

NetBIOS（网络基本输入输出系统）最初是由 IBM 设计的协议，对运行在小型网络上的应用程序提供传输层和会话层服务。Microsoft 将 IBM 的 NetBIOS 作为自己的基础协议，最初用于使用 LANManager 或 Windows 的网络中。但后来又在 NetBIOS 上增加了一个应用层组件，称为 NetBIOS 增强用户接口（NetBEUI）。NetBEUI 是一种快速有效的协议，它只消耗少量的网络资源，并能提供非常好的纠错功能，而且只需非常少的配置。但它仅支持 254 个连接，且不适用于非安全性环境。而且，由于 NetBEUI 缺少一个网络层（编址信息），它是非路由的（若必须，则 NetBEUI 可被其他协议封装，然后才具有可路由性，但这种方法将把一个 NetBEUI 网络改变成一个运行 TCP/IP 的网络）。因此，这种协议不适合于大型网络。当前，NetBEUI 通常用于小型的基于 Microsoft 网络以集成传统的端到端网络。

实训　制作网线

根据项目要求，需要先根据整体环境做相应长度的网线，因为没有布线，所以小王决定网线应该顺墙角布线，于是测量尺寸，买线和水晶头，买做线和测线的工具，开始工作。

1）记住标准线缆线序排列。

直通双绞线线序说明见表 2-2。

表 2-2　直通双绞线线序说明

一端线序	白橙	橙	白绿	蓝	白蓝	绿	白棕	棕
另一端线序	白橙	橙	白绿	蓝	白蓝	绿	白棕	棕

交叉双绞线线序说明见表2-3。

表2-3 交叉双绞线线序说明

一端线序	白橙	橙	白绿	蓝	白蓝	绿	白棕	棕
另一端线序	白绿	绿	白橙	蓝	白蓝	橙	白棕	棕

2）剥线皮，排线序。

用夹线钳中部锋利的刀刃将双绞线的外套剥离，露出大约3cm长的8根双绞线，如图2-20所示。

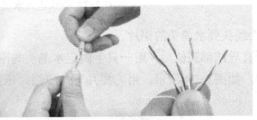

图2-20 剥线

将双绞线拆对，拉直，并按照表2-2中的线序将线缆平行排列整齐，如图2-21和图2-22所示。

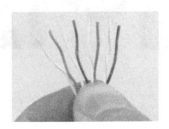

图2-21 理线对   图2-22 掐齐线对

3）掐齐线头，插入到水晶头中。

将平行排列整齐的8根线用剪线刀口将前端修齐。此步骤很重要，需注意的要点如下。

剪平的前端与平行的8根线缆尽可能形成垂直的角度，这样可以保证送入水晶头之后8根线缆与前端金属片的接触机会是一致的。

线缆经剪平后，裸露在外的部分不应超过1.5cm，这样可以保证送入水晶头之后裸露的双绞线能够受到水晶头外壳的保护，露在外面的部分又可以受到双绞线外套的保护，从而最大限度地保证双绞线与水晶头的连接部位不至于太脆弱。

4）将已经修剪好的8根平行排列的双绞线头送入水晶头中。

一只手捏住水晶头，将水晶头背面向下，另一只手捏平双绞线，稍微用力将排好的8根线平行插入水晶头内的 8 个线槽中，8 根导线顶端应插入线槽顶端。

可从水晶头顶部用眼睛观察是否 8 根线的金属线芯已经全部顶住水晶头顶部，如图 2-23 所示。

图2-23 将线送入水晶头

5）紧固线头到水晶头的铜片。

确认所有导线都到位后，用一只手固定水晶头与刚送入的线缆的位置，将水晶头放入夹线钳夹槽中，如图 2-24 所示。用力捏几下夹线钳，压紧线头即可。

图2-24 压线过程

6）重复第 2）～第 5）步，制作另一端的水晶头。

本项用 2 天完成，财务部一共 4 个员工，操作系统的安装和网卡的配置都很顺利，在测试网络连通性时出现了一点问题，经过确认是网线质量问题，通过重新制作网线得以解决了。

巩固提高

1．双绞线质量的鉴别方法

1）从网线标识上辨别。3 类线的标识是"CAT3"，带宽为 10Mbit/s，适用于 10Mbit/s 网，基本已淘汰；5 类线的标识是"CAT5"，带宽为 100Mbit/s，适用于百兆以下的网；超

5 类线的标识是"CAT5E"，带宽为 155Mbit/s，是主流产品；6 类线的标识是"CAT6"，带宽为 250Mbit/s，用于架设千兆网，是未来发展的趋势。通过观察可以判别大多数假 5 类/超 5 类线。真正的 5 类线在线的塑料外皮上印刷的字符非常清晰、圆滑，基本上没有锯齿状。假货的字迹印刷质量较差，有的字体不清晰，有的呈严重锯齿状。正品 5 类线所标注的是"cat5"字样，超 5 类所标注的是"5e"字样，而假货通常所标注的字母全为大写"如 CAT5""5E"字样。

2）用手感觉。如果通过"看"的方法仍不能判别的话，可以进一步通过"摸"的方法来感觉真假 5 类/超 5 类线在材料上的差别。真 5 类/超 5 类线质地比较软，这主要是为了适应不同的网络环境需求，双绞线电缆中一般使用铜线做导线芯，比较软（因为有些网络环境可能需要网线进行小角度弯折，如果线材较硬则很容易造成断路），而一些不法厂商在生产时为了降低成本，在铜中添加了其他金属元素，做出来的导线比较硬，不易弯曲，使用时容易产生断线。

3）用刀割。这一步只需用剪刀去掉一小截线外面的塑料外皮，露出 4 对芯线。在这里还是通过"看"的方法来进一步辨别，真 5 类/超 5 类线 4 对芯线中白色的那条不应是纯白的，而是带有与之成对的那条芯线颜色的花白，这主要是为了方便用户在制作水晶头时区别线对。而假货通常是纯白色的或者花色不明显。还有一点就是 4 对芯线的绕线密度，真 5 类/超 5 类线绕线密度适中，方向是逆时针。假线通常密度很小，方向也可能会是顺时针（比较少）。

4）用火烧。可以将双绞线放在高温环境中测试一下，观察在 35～40℃时，网线外面的胶皮会不会变软，正品网线是不会变软的，假的就不一定了；真的网线外面的胶皮具有阻燃性，而假的有些则不具有阻燃性，不符合安全标准，购买时不妨试一试。

2. 网线制作时经常出现的问题

1）线缆是否掐齐，直接导致线缆铜线无法与水晶头铜片接触，或不是完全接触，影响线缆的连通性。

2）铜线排序错误，或从水晶头反面送入铜片，导致线序错误，无法正常通信。

3）测线仪显示 1、2、3、6 线对正确，但其他线对不完全正常。不影响通信，但质量不高。

1）一般双绞线里都有一根白色的尼龙线，主要起什么作用？

2）如图 2-25 所示的压线手法是否正确，仔细观察水晶头中线钳的方向，思考并回答为什么？

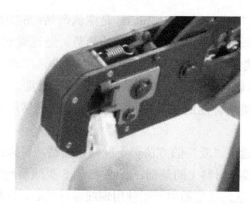

图2-25 压线手法

思考与练习

1. 填空题

1）双绞线可分为（　　　　　　　　　）和（　　　　　　　　　）。

2）交叉双绞线的一个 RJ-45 水晶头要采用（　　　　　　　　　）线序，另一个 RJ-45 水晶头要采用（　　　　　　　　　）线序。

3）根据光纤传输点模数的不同，光纤主要分为（　　　　　　　　　）和（　　　　　　　　　）两种类型。

2. 选择题

1）在下列传输介质中，采用 RJ-45 水晶头作为连接器件的是（　　　　　）。

A. 双绞线　　　　　　　　　　　　B. 粗同轴电缆

C. 细同轴电缆　　　　　　　　　　D. 光纤

2）当个人计算机以拨号方式接入互联网时，必须使用的设备是（　　　　　）。

A. 网卡　　　　B. 调制解调器　　　　C. 电话机　　　　D. 浏览器软件

3）IPv4 地址由（　　　　　）位二进制数组成。

A. 16　　　　　　B. 32　　　　　　C. 64　　　　　　D. 128

3. 简答题

1）简述 568A 和 568B 两种双绞线制作标准芯线顺序。

2）试比较分析网络互联设备中的网桥（Bridge）和路由器（Router）的异同。

项目3 组建局域网

公司觉得小王表现不错，安排小王加入了负责网络规划的项目小组，小王的能力又将在实战中得到锻炼。

1．局域网规划

（1）什么是局域网

LAN（Local Area Network，局域网）是指在某一区域内由多台计算机互联组成的计算机组。局域网可以实现文件管理、应用软件共享、打印机共享、工作组内的日程安排、电子邮件和传真通信服务等功能。局域网是封闭型的，可以由办公室内的两台计算机组成，也可以由一个公司内的上千台计算机组成。

（2）局域网层次结构及标准化模型

局域网是一个通信网，只涉及有关的通信功能，即主要涉及 ISO/OSI 参考模型中的下三层（物理层、数据链路层和网络层）的通信功能。同时，LAN 多采用共享信道的技术，所以通常不设立单独的网络层。IEEE 802 标准的局域网参考模型与 ISO/OSI 的对应关系如图 3-1 所示。

1）物理层和 ISO/OSI 参考模型中物理层的功能一样，主要处理物理链路上传输的比特流，实现数据的传输与接收、同步前序的产生和删除等，建立、维护、撤销物理连接，处理机械、电气和过程的特性。该层规定了所使用的信号、编码、传输媒体、拓扑结构和传输速率。例如，信号编码采用曼彻斯特编码；传输媒体多为双绞线、同轴电缆和光缆；拓扑结构多

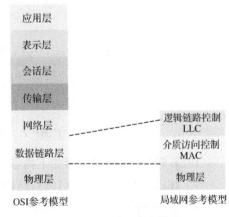

图3-1　局域网参考模型

采用总线型、星形、树形和环形；传输速率主要为 10Mbit/s、100Mbit/s 等。目前正在推出千兆 Ethernet 的标准。

2）数据链路层分为 LLC（Logical Link Control，逻辑链路控制）和 MAC（Medium Access Control，媒体访问控制）两个功能子层。这种功能分解的目的主要是为了使数据链路功能中涉及硬件的部分和与硬件无关的部分分开，便于设计并使得 IEEE802 标准具有可扩充性，有

利于将来接纳新的媒体访问控制方法。

LAN 的 LLC 子层和 MAC 子层共同完成类似于 ISO/OSI 参考模型中数据链路层的功能。将数据组成帧进行传输，并对数据帧进行顺序控制、差错控制和流量控制，使不可靠的链路变为可靠的链路。但是 LAN 是共享信道，帧的传输没有中间交换结点，所以与传统链路的区别在于 LAN 链路支持多重访问，支持成组地址和广播式的帧传输；支持 MAC 层链路访问功能；提供某种网络层功能。

（3）IEEE 802 标准系列

IEEE（Institute of Electrical and Electronics Engineers，电气和电子工程师协会）的总部设在美国，主要开发数据通信标准及其他标准。IEEE802 委员会负责起草局域网草案，并送交美国国家标准协会（ANSI）批准和在美国国内标准化。IEEE 还把草案送交国际标准化组织（ISO）。ISO 把这个 802 规范称为 ISO 8802 标准，因此，许多 IEEE 标准也是 ISO 标准。例如，IEEE 802.3 标准就是 ISO 802.3 标准。

IEEE 802 标准系列之间的关系如图 3-2 所示。它规范定义了网卡如何访问传输介质（如光缆、双绞线、无线等），以及如何在传输介质上传输数据的方法，还定义了传输信息的网络设备之间连接建立、维护和拆除的途径。遵循 IEEE 802 标准的产品包括网卡、桥接器、路由器以及其他一些用来建立局域网络的组件。

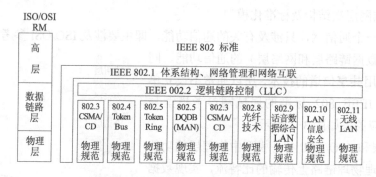

图3-2　IEEE 802系统标准之间的关系

IEEE 802 系列标准包括如下内容。

1）IEEE 802.1a，局域网体系结构。

2）IEEE 802.1b，寻址、网络互联与网络管理。

3）IEEE 802.2，逻辑链路控制（LLC）。

4）IEEE 802.3，CSMA/CD 访问控制方法与物理层规范。

5）IEEE 802.3i，10Base-T 访问控制方法与物理层规范。

6）IEEE 802.3u，100Base-T 访问控制方法与物理层规范。

7）IEEE 802.3ab，1000Base-T 访问控制方法与物理层规范。

8）IEEE 802.3x，是全双工以太网数据链路层的流量控制方法。当客户终端向服务器发出请求后，自身系统或网络产生拥塞时，它会向服务器发出 PAUSE 帧，以延缓服务器向客户终端的数据传输。

9）IEEE 802.3z，1000Base-SX 和 1000Base-LX 访问控制方法与物理层规范。

10）IEEE 802.4，Token-Bus 访问控制方法与物理层规范。

11）IEEE 802.5，Token-Ring 访问控制方法。

12）IEEE 802.6，城域网访问控制方法与物理层规范。

13）IEEE 802.7，宽带局域网访问控制方法与物理层规范。

14）IEEE 802.8，FDDI 访问控制方法与物理层规范。

15）IEEE 802.9，综合数据话音网络。

16）IEEE 802.10，网络安全与保密。

17）IEEE 802.11，无线局域网访问控制方法与物理层规范。

18）IEEE 802.12，100VG-AnyLAN 访问控制方法与物理层规范。

19）IEEE 802.14，协调混合光纤同轴（HFC）网络的前端和用户站点间数据通信的协议。

20）IEEE 802.15，无线个人网技术标准，其代表技术是 ZigBee。

21）IEEE 802.16，宽带无线 MAN 标准——WiMAX。

22）IEEE 802.17，弹性分组环（RPR）工作组。

23）IEEE 802.18，宽带无线局域网技术咨询组（Radio Regulatory）。

24）IEEE 802.19，多重虚拟局域网共存技术咨询组。

25）IEEE 802.20，移动宽带无线接入（MBWA）工作组。

2．局域网设计

（1）用户需求分析

需求分析阶段完成的主要内容是用户网络系统调查，了解用户建网的需求和升级后对网络的需求。这里包括对网络的硬件环境和软件环境的需求。

1）需求调查。

需求调查的目的是从实际出发，通过现场调研，取得对该工程的初步认识，为网络的总体规划打下基础。要做好需求调查，应主要从以下几个方面出发。

①用户调查。用户可能不会从技术角度提出要求，但他们会对网络的应用提出必要的需求。比如，对网络的速度要求、网络的可靠性要求及网络的安全性要求等。

②应用调查。不同的行业对于网络的作用有不同的要求。应用调查的目的就是了解用户对网络的应用要求，也就是用户建网目的。

③地理布局调查。这一步主要确定网络规模、网络拓扑结构以及综合布线的内容。地理布局对综合布线影响较大，必须弄清楚建网单位的建筑布局，否则，在布线过程中会出现意想不到的困难。

2）网络需求分析。

这里主要包括网络的费用分析、综合布线需求分析、网络可用性/可靠性分析和网络安全需求分析。

①网络费用分析。经费是决定一个工程项目最基本、最关键的控制因素。局域网的建设包括硬件、软件、维护和管理等多个方面，其费用也分为一次性投入和持续性投入。

②综合布线需求分析。根据造价、建筑物距离以及带宽需求确定采用的线缆类型；根据调研过程中得到的建筑物距离、马路隔离情况等对建筑物间的布线进行分析；统计各建筑物内的信息点数目以确定室内布线方式。

③网络可用性/可靠性分析。不同行业对网络的可靠性要求是不同的，例如，金融、证券等行业需要更高的网络可靠性。可靠性是由较高的网络可靠性设备来维持的，如采用专用的服务器、双机备份和磁盘阵列等。当然，网络成本也会相应地提高。

④网络安全需求分析。网络安全是目前组网时很注重的一个方面。正如"每个硬币都有两面"，网络在给人们带来惊喜的同时，也隐藏着威胁和危害。计算机病毒、黑客、系统漏洞、后门和有害程序严重威胁着网络的安全。因此，在组网时，除了采用必须的网络安全策略外，还要购买必要的网络安全设备，如硬件防火墙已成为组网中不可或缺的一部分。

（2）网络规划

总体需求完成以后，应根据需求调查产生详细的需求分析报告，并在此基础上正确设计和规划。

1）场地规划。

场地规划的目的是确定设备、网络线路的合适位置。场地规划应考虑的因素如下。

①网络中心的位置和相关设施的配置。

②线路（光缆、双绞线）敷设的路径，要考虑距离、安全性、维护方便等要素。

③信息点在房间的位置、进入房间的方式。

2）网络设备规划。

网络组建需要的设备和材料很多，品种和规格相对复杂。设计人员应该根据需求分析来确定设备的品种、数量和规格。具体规划项目如下。

①服务器的规格、型号和配置。

②客户机的型号和数量。

③光缆、双绞线等传输介质的数量以及接头数量。

④网络设备的型号和数量。

3）操作系统和应用软件的规划。

硬件确定以后确定软件，主要包括操作系统和相关的应用软件、数据库系统等。

①网络操作系统。需要安装在服务器、网管工作站上，一般选用 Windows 操作系统，也可以根据需要选择 UNIX 或 Linux 操作系统。

②应用软件。能够提供基于网络的各种应用，主要包括网络管理软件、办公系统软件以及应用服务软件等。

③数据库软件。为网络提供数据库支持，满足数据存储、管理的需求。一般选择 SQL Server、Oracle 等软件，如果网络规模较小，则可以选择 Access 等。

4）网络管理规划。

网络投入运行以后，需要做大量的管理工作。为了方便用户进行管理，设计人员应该考虑网络的易操作性和通用性。网络管理规划的内容如下。

①安排专门人员从事网络管理和维护工作。

②让网管人员全程参与网络的建设工作。

③对网管人员进行技术培训和认证测试。

④制定网络使用和管理制度，保证网络健康运行。

5）资金规划。

设计人员应该对资金需求进行有效预算，实现资金保障，避免项目流产。资金方面需要规划的内容如下。

①网络建设费用，包括材料费用和施工费用等。

②硬件设备费用，包括购买服务器和交换机的费用等。

③软件费用，包括购买软件和开发费用。

④人员培训费用。

⑤网络维护升级的费用。

（3）方案设计案例

1）小型办公局域网。

案例描述：公司现在有员工 18 人，下设有业务部和技术部，位于写字楼 5 楼的相邻两个房间，每个房间使用面积约 100m^2，目前公司的业务中，涉及了解市场商品信息、收发邮件。为了方便内部传输资料和访问互联网，需搭建一个适合员工使用的小型局域网络。

①需求分析。在内部局域网中，为了确保数据的传输，在网络主干采用 6 类双绞线实现千兆数据的传输，用户终端采用百兆到桌面。在这个办公网络中，现有总节点数为 20 个，其中 18 个节点为公司的用户计算机，1 个节点为服务器，1 个节点为网络打印机。由于公司员工数量较少，规划在一个子网内就可以满足实际的需要，因此，局域网内的 IP 地址可采用 C 类 IP 地址。

②IP 地址规划。根据实际情况，ADSL 路由器的外网接口可以从 ISP 动态获取公网 IP 地址。内部节点配置 C 类私有 IP 地址，即 192.168.1.0/24，即可满足需求。配置 ADSL 路由器可以实现对私有 IP 地址 192.168.1.0/24 进行 NAT 转换为从 ISP 动态获取公网 IP 地址。可以实现内部节点访问互联网。ADSL 路由器内部接口 IP 地址为 192.168.1.1/24。

③网络拓扑图，如图 3-3 所示。

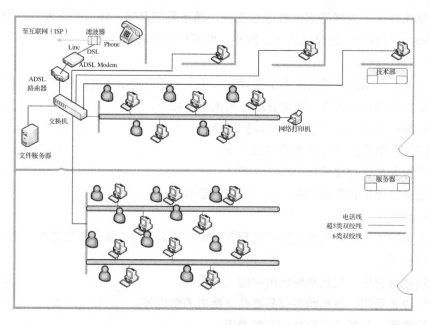

图3-3　小型办公局域网案例拓扑图

④采用的网络设备见表3-1。

表3-1　小型办公局域网案例所用网络设备

设备名称	网络设备型号	数量	地点
互联网接入设备	路由器 H3C Aolynk BR104H	1	技术部
局域网接入交换机	千兆以太网交换机 H3C S1526	1	技术部
无线 AP	DCWL—3000 AP	2	服务部，技术部

2）中小型企业局域网搭建设计方案。

案例描述：腾飞公司现已发展为近200名员工规模，位于某办公楼的3、4层楼内，原有网络接入设备以 HUB 为主，网络的中心为一个48口二层非网管交换机，网络传输介质以5类双绞线为主，接入速度为10Mbit/s半双工，全部节点同属于一个网段，用户反映网速很慢。公司决定将现有网络完全替换，重新建立可管理的能够提供更高传输速率的快速以太网。

①需求分析。实现专线 10Mbit/s 光纤接入，完成对互联网资源的应用；实现公司内部100Mbit/s 到桌面的网络数据传输；ISP 提供 2 个公网 IP 地址；各部门都有到本楼层设备间或配线间的物理链路；为了实现同一部门间的互访，使用 VLAN 技术；为了实现各节点能够自动获取 IP、网关及 DNS 地址，使用 DHCP 技术；考虑到方便移动 PC 工作的需要，在技术部、大会议室及产品展览室采用无线局域网覆盖区域；采用主流的 TCP/IP 对网络进行规划；

对广播流量进行分割，不同部门之间的访问可以进行控制。

②IP 地址规划见表 3-2。

表 3-2 中小型企业局域网案例 IP 地址分配

楼层	序号	部门	房间号	节点数	VLAN 号	IP 网段
3 楼	1	财务部 1	201	2	VLAN101	192.168.1.0/24
	2	库房	202	1	VLAN102	192.168.2.0/24
	3	总经理室	203	1	VLAN103	192.168.3.0/24
	4	人力资源部	204	4	VLAN104	192.168.4.0/24
	5	技术服务部 1	205	17	VLAN105	192.168.5.0/24
	6	大会议室	206	15	VLAN106	192.168.6.0/27
	7	设备间	207	1	VLAN107	192.168.7.0/24
	8	网络中心	209	1	VLAN109	192.168.8.0/24
	9	产品事业部 1	211	11	VLAN110	192.168.9.0/24
	10	部门经理 1	213	1	VLAN111	192.168.10.0/24
	11	部门经理 2	215	1	VLAN112	192.168.11.0/24
	12	销售业务部	208	13	VLAN112	192.168.12.0/24
4 楼	1	财务部 2	301	2	VLAN101	192.168.1.0/24
	2	广告宣传部	302	8	VLAN113	192.168.13.0/24
	3	副总经理室	303	1	VLAN114	192.168.14.0/24
	4	质管部	304	4	VLAN115	192.168.15.0/24
	5	技术服务部 2	305	17	VLAN105	192.168.5.0/24
	6	产品展室	306	10	VLAN116	192.168.6.32/27
	7	管理间	307	1	VLAN117	192.168.16.0/24
	8	监控室	309	1	VLAN118	192.168.17.0/24
	9	产品事业部 2	311	11	VLAN110	192.168.9.0/24
	10	小会议室	313	10	VLAN119	192.168.6.64/27
	11	客户服务部	308	13	VLAN120	192.168.18.0/24

③网络拓扑图，如图 3-4 和图 3-5 所示。

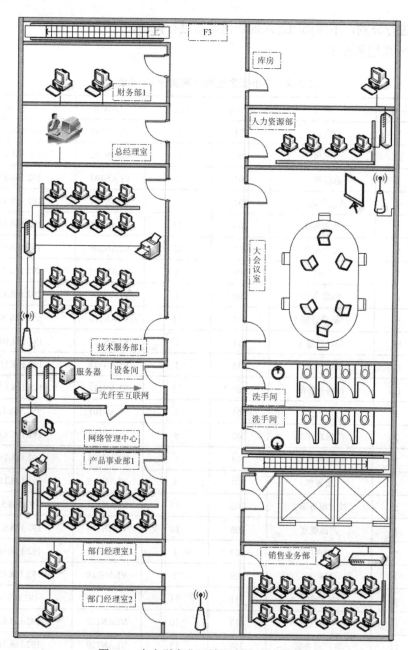

图3-4 中小型企业局域网案例3楼拓扑图

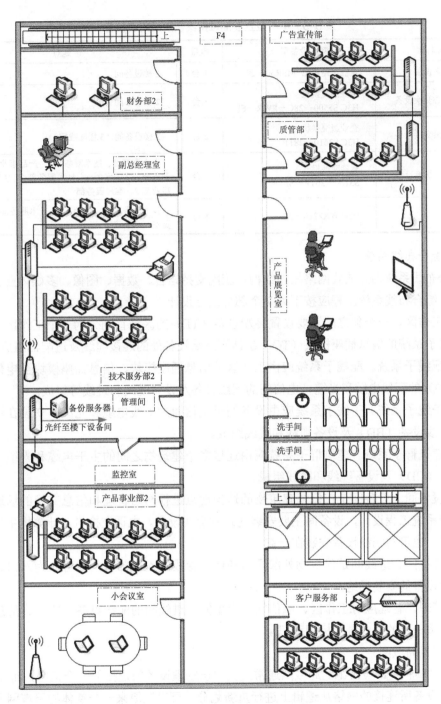

图3-5　中小型企业局域网案例4楼拓扑图

④采用的网络设备见表 3-3。

表 3-3 中小型企业局域网案例所用网络设备

设备名称	网络设备型号	数量	地点
互联网接入设备	企业级路由器 MSR30—20	1 台	2 楼设备间
局域网核心交换设备	企业级交换机 H3C S5500—28C—PWR—EI	1 台	2 楼设备间
局域网汇聚交换设备	企业级交换机 H3C S3610—28TP	2 台	2 楼设备间、3 楼配线间
局域网接入交换设备	智能交换机 S3100—26TP—SI	9 台	人力资源部、技术服务部 1、产品事业部 1、销售业务部、广告宣传部、技术服务部 2、质管部、产品事业部 2、客户服务部
无线 AP	H3C WA2210—AG	5 台	技术服务部 1、大会议室、技术服务部 2、产品展览室、小会议室

3. 综合布线系统

综合布线系统为开放式网络拓扑结构，应能支持语音、数据、图像、多媒体业务等信息的传递。综合布线系统工程应按下列 7 个部分进行设计。

1）工作区。一个独立的需要设置终端设备（TE）的区域宜划分为一个工作区。工作区应由配线子系统的信息插座模块（TO）延伸到终端设备处的连接缆线及适配器组成。

2）配线子系统。配线子系统应由工作区的信息插座模块、信息插座模块至电信间配线设备（FD）的配线电缆和光缆、电信间的配线设备及设备缆线和跳线等组成。

3）干线子系统。干线子系统应由设备间至电信间的干线电缆和光缆，安装在设备间的建筑物配线设备（BD）及设备缆线和跳线组成。

4）建筑群子系统。建筑群子系统应由连接多个建筑物之间的主干电缆和光缆、建筑群配线设备（CD）及设备缆线和跳线组成。

5）设备间。设备间是在每幢建筑物的适当地点进行网络管理和信息交换的场地。对于综合布线系统工程设计，设备间主要安装建筑物配线设备。电话交换机、计算机主机设备及入口设施，也可与配线设备安装在一起。

6）进线间。进线间是建筑物外部通信和信息管线的入口部位，并可作为入口设施和建筑群配线设备的安装场地。

7）管理。管理应对工作区、电信间、设备间、进线间的配线设备、缆线、信息插座模块等设施按一定的模式进行标识和记录。

4. 虚拟局域网

虚拟局域网，即 VLAN。局域网通常是指二层物理设备所连接的一个范围，而 VLAN 则是将物理设备所连接的网络从逻辑上进行重新划分，可以把原来一个整体的局域网分割成几个局域网，使它们之间不能再像原来那样随意通信，而是受到严格的逻辑控制，从而形成不以物理设备形成的范围为依据而是以逻辑设置为依据的一些虚拟的局域网。

VLAN 相当于一个容器，在交换机中可以将端口划分给多个不同的 VLAN，默认所有端口都在 vlan1 里，可以利用这个特性来配置所有端口都可以使用的地址。

5．无线局域网

无线局域网，即 WLAN，是使用无线电波作为传输介质的局域网，它适用于难以布线或布线成本太高的环境。因此，有人形象地比喻说：未来的空中到处都是数据。

通常，计算机组网的传输介质主要依赖于双绞线或光缆。但这种有线网络的布线、改线工程量很大、线路容易损坏、网络中的各个节点不可移动等限制，使很多用户感到组网难度较大。而无需线缆介质、数据传输速率范围可以稳定工作在 11Mbit/s～54Mbit/s、传输距离可达 20km 以上的无线局域网，则可以很好地解决这些有线网络布线的难题。但是，在目前技术条件下的 WLAN，并不是用来取代有线局域网的，而是用来弥补有线局域网的不足，从而达到网络延伸的目的。

6．认识交换机

交换（switching）是按照通信两端传输信息的需要，用人工或设备自动完成的方法，把要传输的信息送到符合要求的相应路由上的技术的统称。交换机（switch）就是一种在通信系统中完成信息交换功能的设备，如图 3-6 所示。

（1）交换机的分类

从广义上来看，交换机分为两种：广域网交换机和局域网交换机。广域网交换机主要应用于电信领域，提供通信用的基础平台。而局域网交

图3-6　以太网交换机

换机则应用于局域网络，用于连接终端设备，如 PC 及网络打印机等。

从传输介质和传输速度上可分为以太网交换机、快速以太网交换机、千兆以太网交换机、FDDI 交换机、ATM 交换机和令牌环交换机等。从规模应用上又可分为企业级交换机、部门级交换机和工作组交换机等。

（2）交换机、集线器和网桥之间的区别

集线器：整个集线器就是一个冲突域，采用 CSMA/CD 机制检测和侦听，从一个端口接收的数据包不经分析就会被转发到其他所有端口，连在此 HUB 上的设备共享带宽，利用率低，效率低，有距离限制，任意一个时刻只有 2 台计算机之间可以通信。

网桥：建立桥接表（MAC），根据 MAC 表来决定向哪个端口进行数据转发，每个端口为一个冲突域，每台设备将享用一个端口的带宽。

交换机：交换机和网桥都是一个广播域，每个端口都是一个冲突域，并形成 MAC 表来指导帧转发。不同之处是，交换机端口数量多，可以划分 VLAN 来将整个广播域分割为多个广播域。

（3）交换机数据交换过程

交换机拥有一条很高带宽的背部总线和内部交换矩阵。交换机的所有端口都挂接在这条背部总线上，控制电路收到数据包以后，处理端口会查找内存中的地址对照表以确定目的

MAC（网卡的硬件地址）的 NIC（网卡）挂接在哪个端口上，通过内部交换矩阵迅速将数据包传送到目的端口，目的 MAC 若不存在则广播到所有的端口，接收端口回应后交换机会"学习"新的地址，并把它添加入内部 MAC 地址表中。总之，交换机是一种基于 MAC 地址识别，能完成封装转发数据包功能的网络设备。

（4）交换机的三种数据交换方式

1）直通式。

直通方式的以太网交换机可以理解为在各端口间是纵横交叉的线路矩阵电话交换机。它在输入端口检测到一个数据包时，检查该包的包头，获取包的目的地址，启动内部的动态查找表转换成相应的输出端口，在输入与输出交叉处接通，把数据包直通到相应的端口，实现交换功能。因为不需要存储，所以延迟非常小、交换非常快。它的缺点是，因为数据包内容并没有被以太网交换机保存下来，所以无法检查所传送的数据包是否有误，不能提供错误检测能力。由于没有缓存，不能将具有不同速率的输入/输出端口直接接通，而且容易丢包。

2）存储转发。

存储转发方式是计算机网络领域应用最为广泛的方式。它把输入端口的数据包先存储起来，然后进行 CRC（循环冗余码校验）检查，在对错误包处理后才取出数据包的目的地址，通过查找表转换成输出端口送出包。正因为如此，存储转发方式在数据处理时延时大，这是它的不足，但是它可以对进入交换机的数据包进行错误检测，有效地改善网络性能。尤其重要的是它可以支持不同速率的端口间的转换，保持高速端口与低速端口间的协同工作。

3）碎片隔离。

这是介于前两者之间的一种解决方案。它检查数据包的长度是否够 64 个字节，如果小于 64 字节，说明是假包，则丢弃该包；如果大于 64 字节，则发送该包。这种方式也不提供数据校验。它的数据处理速度比存储转发方式快，但比直通式慢。

在本项目的实训内容中以神州数码的交换机为例来学习交换机的配置方法，其他品牌的交换机可参照相关手册进行配置。

实训 1　认识交换机端口

1）识别交换机前面板。

图 3-7 是 DCS—3950—26C 的前面板示意，图 3-8 是 DCS—3926S 的前面板示意，这两种设备均为典型的神州数码二层交换机，也是众多企业和学校大量使用的设备。

2）将交换机加电，观察端口指示灯现象。

使用包装箱中带有的电源线连接交换机，交换机加电后，注意各自的指示灯状态是怎样的。

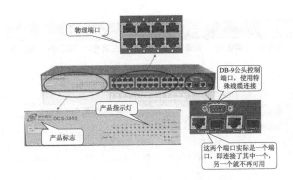

图3-7 DCS—3950—26C前面板示意图

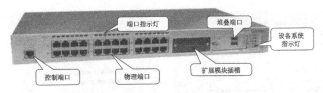

图3-8 DCS—3926S前面板示意图

3）使用双绞线连接交换机端口与 PC 网卡接口，观察端口指示灯现象。

PC 应该是开机状态，连接方法如图 3-9 所示。

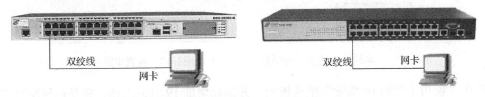

图3-9 交换机与PC的网卡连接

注意观察指示灯状态，将另一台 PC 也连接到交换机，同样注意
观察指示灯现象。

连接后交换机与两台 PC 的拓扑如图 3-10 所示。

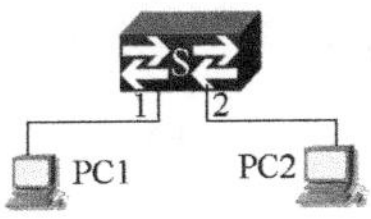

4）配置两台 PC 的网络属性，并验证配置成功。

图3-10 两台PC与交换机
同时连接示意

配置 PC 的网卡属性过程可如下进行，首先配置 PC1 的网卡属
性，过程如下。

在 PC 终端中的"网上邻居"上单击鼠标右键，在弹出的快捷菜单中选择"属性"命令，
打开网络连接界面，如图 3-11 所示。

在"本地连接"上单击鼠标右键，在弹出的快捷菜单中选择"属性"命令，打开"本地
连接属性"对话框，如图 3-12 所示。

在"此连接使用下列项目"列表中选择"Internet 协议（TCP/IP）"复选框，并单击"属
性"按钮，打开"Internet 协议（TCP/IP）属性"对话框，进行 IP 属性的设置，如图 3-13 所
示。

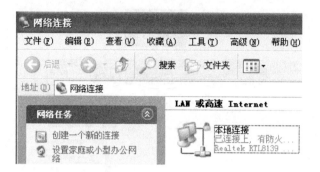

图3-11　打开网络连接界面

图3-12　"本地连接属性"对话框

图3-13　设置IP属性

　　选中"使用下面的 IP 地址"单选按钮，并添加地址 192.168.1.10，将光标移动到"子网掩码"对应的文本框，系统自动添加了对应的子网掩码 255.255.255.0，不需改变，如图 3-14 所示。

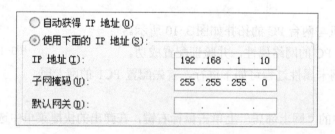

图3-14　IP地址的具体设置

　　单击"确定"按钮，系统在一段时间的等待之后退回到上一个属性页面，连续单击"确定"或"关闭"按钮，即完成了 IP 地址的配置。

　　接着，使用如下的一系列操作在本机中验证 IP 地址配置是否成功。

　　执行"开始"→"运行"命令，输入"cmd"后按<Enter>键，打开操作系统的命令行模式。

　　在命令行模式下输入"ipconfig"后按<Enter>键，查看系统输出列表内容是否与刚配置的 IP 地址一致，如果一致，则表明当前的配置系统已经接受，否则需要将网卡禁用再启用一次即可。

```
C：\Documents and Settings\Administrator>ipconfig
Windows IP configuration

Ethernet adapter 本地连接：
Connection-specific DNS Suffix    .：
IP Address.....................：192.168.1.10
Subnet Mask...................：255.255.255.0
Default Gateway................：
```

　　配置好 PC1，接下来使用相同的方法配置 PC2 的 IP 地址为 192.168.1.20，子网掩码为 255.255.255.0，配置过程省略。如下是在 PC2 中使用 ipconfig 命令应该得到的输出结果。

```
C:\Documents and Settings\Administrator>ipconfig
Windows IP Configuration

Ethernet adapter 本地连接：

Connection-specific DNS Suffix   .：
IP Address............：192.168.1.20
Subnet Mask...........：255.255.255.0
Default Gateway.........：
```

　　5）使用 PC 命令测试终端连通性，并注意观察交换机指示灯的状态。

　　在 PC1 中使用操作系统命令。用 ping 命令进行连通性测试如下所示。

```
C:\Documents and Settings\Administrator>ping 192.168.1.20

Pinging 192.168.1.20 with 32 bytes of data:

Reply from 192.168.1.20: bytes=32 time<1ms TTL=128
Reply from 192.168.1.20: bytes=32 time<1ms TTL=128
Reply from 192.168.1.20: bytes=32 time<1ms TTL=128
Reply from 192.168.1.20: bytes=32 time<1ms TTL=128

Ping statistics for 192.168.1.20:
    Packets: Sent = 4， Received = 4， Lost = 0 （0% loss），
Approximate round trip times in milli-seconds:
Minimum = 0ms， Maximum = 0ms， Average = 0ms
```

　　6）（只在使用 DCS-3926S 时操作）将其中一台 PC 双绞线从交换机普通端口换到 console 端口上，继续测试连通性。

　　在上一步已经连通的情况下，将 PC2 网卡所对应的交换机端口连接到最左侧 console 端口中。在 PC1 中再次使用 ping 192.168.1.20 命令行命令验证是否可以连通。

7）将交换机的另一个普通端口使用双绞线连接到另一台交换机的普通端口，观察指示灯状态。

选择同组另一台交换机或相邻组的另一台交换机，将它们的一个普通端口使用双绞线互相连接到一起，观察它们的指示灯状态如何？说明什么问题？

实训 2　熟悉交换机的基本配置方法

1．进行控制台配置——带外管理

1）将交换机的 console 线缆两端分别与交换机 console 端口和 PC 的 COM 端口进行连接。

网络工程师组建网络时很有可能使用的是不同厂家的设备，配置线缆形态基本上不会是统一的，但不论是哪种设备的电缆，至少会存在一个 DB-9 母头的连接头，这个连接头就是用来连接管理 PC 的 COM 端口的，而另一端则用来连接设备的 console 端口，根据设备 console 端口类型的不同，对应线缆也会有差别，如图 3-15 和图 3-16 所示。

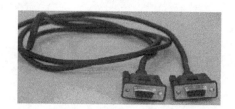
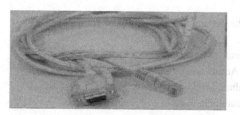

图3-15　DCS-3950-26C配置线缆　　　　　图3-16　DCS-3926S配置线缆

使用对应设备的 console 线缆将设备与 PC 连接在一起，其拓扑如图 3-17 所示。

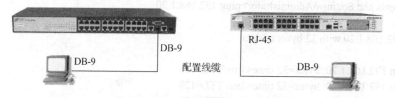

图3-17　带外管理拓扑连接示意

2）将交换机加电启动，配置 PC 的超级终端连接。

交换机加电启动后，需要为 PC 开启超级终端的连接，过程如下。

①在 PC 中执行"开始"→"所有程序"→"附件"→"超级终端"命令，打开配置连接属性对话框，如图 3-18 所示。

②输入一个有代表性的名称，这里输入"dcnu"，单击"确定"按钮进入下一步。

③在如图 3-19 所示的对话框中在"连接时使用"下拉列表框中选择刚连接交换机控制线的 COM 端口，如图 3-20 所示，单击"确定"按钮。

④进行 COM 端口属性的配置，如图 3-21 所示，单击"确定"按钮即完成了超级终端的

配置。

图3-18　超级终端名称配置

图3-19　超级终端端口选择

图3-20　选择合适的COM端口

图3-21　COM端口属性的配置

3）在超级终端界面中登录交换机配置主界面。

在第 2）步的基础上，进入如图 3-22 所示的超级终端初始界面。

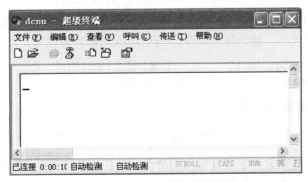

图3-22　超级终端初始界面

如果确定交换机已经加电并和 PC 的 COM 端口使用配置线缆连接在一起，则可以在此界面中按<Enter>键，超级终端即可显示交换机的命令行配置界面，如图 3-23 所示是一个典型的交换机初始配置界面。

这样就完成了交换机的带外管理连接过程。接下来，介绍带内方式管理交换机的方法。

图3-23　交换机命令行配置界面

2．学会进行 Telnet 配置——带内管理

1）在带外管理进入交换机配置主界面的前提下，使用 enable 命令进入"特权用户模式"，再使用 config 命令进入到全局配置模式。

```
Switch>enable
Switch#config
Switch（config）#
```

2）在全局配置模式下，为交换机设置授权 Telnet 用户。

```
Switch（Config）#telnet-user dcnu password 0 digital
```

 小知识

Telnet 是远程终端访问的英文缩写，目前作为一种标准的操作系统常用命令被广大网络使用者应用，Telnet 某网络地址就意味着从本地经过网络登录到了目的地，目前 Telnet 登录多为命令行模式操作，但也有些远程访问站点将登录界面作了调整，使用很多字符输出而形成图形以便于使用者进行操作，最典型的例子就是 BBS（Bulletin Board System，电子布告栏系统）。

操作步骤中的"dcnu"就是授权的 Telnet 用户名，而"digital"就是这个用户的密码，在整个命令中"telnet-user"和"password"两个单词是命令和参数，不是管理员可以配置的值，而 password 后面紧跟的"0"则表示这个用户名对应的密码在交换机的配置文件中是以明文方式存储的。

3）为交换机配置管理用的 IP 地址，并配置 PC 的 IP 地址。

交换机若要与 PC 正常通信，则需要配置管理 IP 地址。其配置过程如下。

①在全局配置模式下，输入如下命令，为交换机创建管理接口。

```
Switch（Config）#interface vlan 1          //创建并进入 vlan 1 接口
02:20:17: %LINK-5-CHANGED: Interface Vlan1,  changed state to UP
```

②为 vlan1 接口配置 IP 地址。

```
Switch（Config-If-Vlan1）#ip address 192.168.1.100 255.255.255.0   //配置 vlan 1 接口 IP 地址和子网掩码
```

以上命令的黑斜体部分为管理员输入的命令，而正常体则为系统输出的信息，下面一行的含义是：为交换机创建了一个接口名字即 vlan 1，目前这个 vlan1 接口的状态是 UP 的，也就是开启的。

4）验证交换机与 PC 的连通性。

将 PC 的网卡与交换机的普通端口使用双绞线连接起来，如图 3-24 所示。

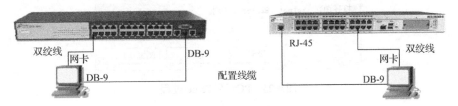

图3-24　交换机与PC的带内带外同时连接

在前面的实训任务中，曾经配置了 PC 的 IP 地址为 192.168.1.10 和 192.168.1.20，在本实训中仍使用此 IP 地址，具体步骤略，参考相关实训，可以在 PC 中验证与交换机的连通性如下。

```
C:\Documents and Settings\Administrator>ping 192.168.1.100

Pinging 192.168.1.100 with 32 bytes of data:

Reply from 192.168.1.100: bytes=32 time<1ms TTL=128
Reply from 192.168.1.100: bytes=32 time<1ms TTL=128
Reply from 192.168.1.100: bytes=32 time<1ms TTL=128
Reply from 192.168.1.100: bytes=32 time<1ms TTL=128

Ping statistics for 192.168.1.100:
    Packets: Sent = 4,   Received = 4,   Lost = 0   （0% loss），
Approximate round trip times in milli-seconds:
Minimum = 0ms,   Maximum = 0ms,   Average = 0ms
```

同样，也可以在交换机中验证与 PC 的连通性，如下所示。

```
Switch#ping 192.168.1.10
Type ^c to abort.
Sending 5 56-byte ICMP Echos to 192.168.1.10,    timeout is 2 seconds.
!!!!!
Success rate is 100 percent   （5/5），   round-trip min/avg/max = 1/1/1 ms
Switch#
```

很快出现 5 个"!"表示已经连通，若出现的是 5 个"."则表示没有连通。

5）使用 PC 登录交换机进行配置。

在第 4）步验证连通良好的情况下，可以使用 PC 登录交换机，过程如下。

①在 PC 中执行"开始"→"运行"命令，输入"telnet 192.168.1.100"，如图 3-25 所示。

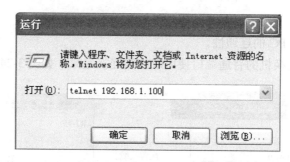

图3-25　PC开启Telnet过程

②在登录界面中输入刚设置的授权 Telnet 用户名和密码，按<Enter>键。

```
Login：dcnu
Password:******
Switch>
```

3．进行交换机配置文件管理——带内管理

1）与 2 相同，具体略。

2）与 2 的第 3）步相同，具体略。

3）与 2 的第 4）步相同，具体略。

4）在 PC 中安装 TFTP 服务器软件并启动运行。

TFTP 是一种进行小文件短距离传输的高效率传输协议，它能够帮助两个网络节点快速完成文件传输工作，现在多用于网络设备的文件备份和恢复。

市场上比较流行的几款 TFTP 服务器如图 3-26 所示。

 Tftpd32
快捷方式
1 KB

 3CDaemon
快捷方式
1 KB

 Cisco TFTP Server
快捷方式
1 KB

图3-26　流行的TFTP服务器

①在 PC1 中双击 Tftpd32.exe，出现 TFTP 服务器的主界面，如图 3-27 所示。

②在主界面中显示该服务器的根目录是 E：\share，服务器的 IP 地址也自动出现在第二行 192.168.1.10。

注意：单击"Settings"按钮，可以更改存放文件的目录。

5）在交换机中启动配置文件的保存过程，并验证结果。

```
switch#copy startup-config tftp://192.168.1.10/startup1
Confirm [Y/N]:y
begin to send file，wait...
file transfers complete.
close tftp client.
switch#
```

上述命令的作用就是把当前交换机中的 startup-config 配置文件保存到了 192.168.1.10 这个 TFTP 服务器中，并重新命名为"startup1"。可以通过查看 TFTP 服务器的 E:\share 目录查看是否存在这个文件，如图 3-28 所示。

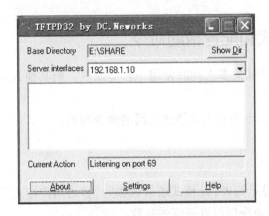

图3-27　TFTPD32配置主界面

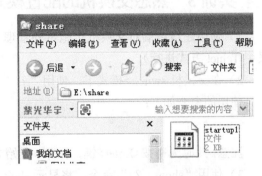

图3-28　TFTP服务器中的配置文件

6）将 PC 中保存的配置文件更改，在交换机启动配置文件的回传，验证结果。

在 PC 中使用写字板而不要使用记事本将此配置文件打开，更改配置文件的内容，如图 3-29 所示。

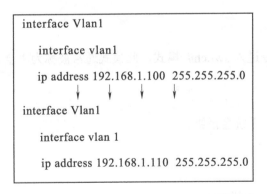

图3-29　修改配置文件

将 vlan1 的 IP 地址更新为 192.168.1.110，其他不变。保存后，在交换机中使用如下命令将更改后的配置文件传回交换机。

```
Switch#copy tftp://192.168.1.10/startup1 startup-config
Confirm [Y/N]:y
begin to receive file，wait...
recv 865
write ok
transfer complete
```

close tftp client.
Switch#

这时，可以通过查看这个文件来确定是否已经回传成功，使用的命令是：

Switch#show startup-config

实训 3　熟悉交换机的配置模式和配置帮助命令

1）使用超级终端对交换机实施带外管理（如果多人同时使用一台交换机，则其他人可采用 Telnet 方式进行）。

2）在交换机 switch>模式下，使用"？"命令查看当前模式可用的命令列表。

使用的命令如下：

Switch>?

注意，此时无需按<Enter>键，系统即开始显示列表。此模式通常被称为"普通用户模式"。

3）使用"show　？"命令，将显示 show 命令后可以写哪些参数。

Switch>show　?

4）使用"sh？"命令查看，将显示当前模式下所有首字符为"sh"的命令。

5）当命令不存在二义性时，可以简写。例如，"show version"命令能简写成"sh v"。

6）使用 enable 命令进入 switch# 模式，此模式通常被称为"特权用户模式"。

Switch>*enable*
Switch#

7）使用 config 命令进入 switch# 模式，此模式通常被称为"全局配置模式"。

Switch#*config*
Switch（config）#

8）当输入错误时，系统会报错。

Switch#config
Switch（config）#ee
　　　　　　^
　% Invalid input detected at '^' marker.
Switch（config）#

9）使用命令 enable password 配置特权用户密码。

```
switch>enable
switch#config                              //进入全局配置模式
switch（Config）#enable password level admin
Current password:                          //原密码为空，直接按<Enter>键
New password:*****                              //输入密码
Confirm new password:*****
switch（Config）#exit
switch#write                            //保存
```

switch#

验证配置:

验证方法 1: 重新进入交换机。

switch#exit   //退出特权用户配置模式
switch>
switch>enable   //进入特权用户配置模式
Password:*****
switch#

验证方法 2: 使用 show 命令查看。

switch#*show running-config*
Current configuration:
!
    enable password level admin 827ccb0eea8a706c4c34a16891f84e7b
    //该行显示了已经为交换机配置了 enable 密码
    hostname switch
!
!
Vlan 1
    vlan 1
!
!
......   !省略部分显示

10) 使用 interface 命令进入接口配置模式。

在交换机中存在两种接口, 一种是物理接口, 另一种是逻辑接口, 以下是进入两种接口的全局配置命令。

switch (Config) #interface ethernet 0/0/1
switch (Config-Ethernet0/0/1) #   //已经进入以太端口 0/0/1 的接口

注意: 以上命令可以进入交换机的普通端口, 这里的 0/0/1 是可堆叠交换机对于物理端口的标识方法, 其中第一个 0 位数字的含义是这个交换机的编号, 也就是当交换机堆叠时它是属于堆叠组的第几台交换机, 当交换机没有进行堆叠时, 这个数字就是 "0"; 第二个 0 位数字表示当前的端口位于这台交换机的第几个模块插槽中, 通常交换机前面板的端口从左到右计数, 固定在交换机主板的普通端口属于 0 模块, 依次往右为第 1 和第 2 模块等; 第三个 1 位数字的含义是在这个模块中端口的标号, 通常是从左到右排列的, 如图 3-30 所示。

switch (Config) #interface vlan 1
switch (Config-If-Vlan1) #

注意: 这里提到的两种型号的交换机, 都属于普通的工作在 OSI 参考模型的第二层交换机。还有以 DCRS 开头的设备, 通常称为 "路由交换机" 或 "第三层交换机"。在这种二层交换机中, 通常只能有一个逻辑接口, 这里进入的 vlan1 接口就是这样的接口, 它在默认情况下代表了所有物理端口都可以使用的三层接口，通常把它作为交换机的管理接口。

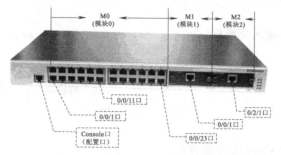

图3-30　认识物理端口与配置编号

11）使用 no 命令。

根据前面的学习，进入到全局配置模式，以下的过程将把刚配置的 enable 密码清除掉。

```
switch（Config）#no enable password level admin
 Input password:*****
switch（Config）#
```

注意，no 命令具有通用性，其他命令也可以用。

12）判断命令是否输入完整。

在特权模式下输入"config ？"查看输出，如下。

```
Switch#config ?
terminal
<cr>
```

上面输出中的<cr>，表示的是<Enter>键，它的意思是，在 config 的命令后可以加<Enter>键，此时系统将可以识别出网络管理员的意图。

13）体会使用 exit 命令和<Ctrl+Z>组合键退出接口配置模式的区别。

在接口配置模式下，使用 exit 命令退出到上一个模式。

```
switch（Config-Ethernet0/0/1）#exit
switch（Config）#
```

在接口配置模式下，使用<Ctrl+Z>组合键退出，结果如下。

```
switch（Config-Ethernet0/0/1）# ctrl+z
switch#
```

14）使用 set default 命令，恢复成出厂的配置。

```
switch#set default              //使用 set default 命令
Are you sure? [Y/N] = y         //是否确认？
switch#write                    //清空 startup-config 文件
switch#reload                   //重新启动交换机
Process with reboot? [Y/N] y    //
```

注意：以上步骤缺一不可。

使用 set default 就是将 running-config 文件清空，所以接下来使用 write 才可以，而且需要注意的是，一旦使用了 set default 之后，running-config 文件就不再随着配置的更改而更改了，所以 set default 之后，设备必须重新启动，才可以恢复正常状态。

◐ 实训 4　按部门划分同一楼层的逻辑网络

1）连接交换机和 PC，配置 PC 的 IP 地址。

连接交换机和 PC。PC 的 IP 地址分别配置为 192.168.1.10、192.168.1.20、192.168.1.30，掩码为 255.255.255.0。步骤略。

2）将交换机恢复出厂配置，在 PC 中验证相互的连通性。

交换机恢复出厂配置的目的在于消除交换机可能存在的其他配置影响本操作过程的效果。具体步骤略。

在 PC 中验证相互的连通性，结果如下。

C:\Documents and Settings\Administrator>*ping 192.168.1.20*

Pinging 192.168.1.20 with 32 bytes of data:

Reply from 192.168.1.20: bytes=32 time<1ms TTL=128
Reply from 192.168.1.20: bytes=32 time<1ms TTL=128
Reply from 192.168.1.20: bytes=32 time<1ms TTL=128
Reply from 192.168.1.20: bytes=32 time<1ms TTL=128

Ping statistics for 192.168.1.20:
    Packets: Sent = 4,   Received = 4,   Lost = 0 （0% loss），
Approximate round trip times in milli-seconds:
    Minimum = 0ms,   Maximum = 0ms,   Average = 0ms

3）配置交换机的 VLAN，并对相关端口进行划分。

对交换机的 VLAN 划分进行规划，本实训中可将 1、2 两个端口划分到 vlan10 中，而 3 端口划分到另一个 VLAN 中，见表 3-4。

创建 vlan10 和 vlan20。

表 3-4　VLAN 规划

vlan10	vlan20
端口 1、2	端口 3

switch（Config）#*vlan 10*
switch（Config-Vlan10）#*exit*
switch（Config）#*vlan 20*
switch（Config-Vlan20）#*exit*

以上命令中，全局模式下的 vlan10 和 vlan20 命令既是在创建 vlan10 和 vlan20，也是同时进入 vlan10 和 vlan20 的配置模式的启动命令。可以通过交换机的"show vlan"命令查看配置是否生效。

switch#show vlan
VLAN Name   Type   Media   Ports
---- ------------ ---------- --------- ---

1	default	Static	ENET	Ethernet0/0/1	Ethernet0/0/2
				Ethernet0/0/3	Ethernet0/0/4
				Ethernet0/0/5	Ethernet0/0/6
				Ethernet0/0/7	Ethernet0/0/8
				Ethernet0/0/9	Ethernet0/0/10
				Ethernet0/0/11	Ethernet0/0/12
				Ethernet0/0/13	Ethernet0/0/14
				Ethernet0/0/15	Ethernet0/0/16
				Ethernet0/0/17	Ethernet0/0/18
				Ethernet0/0/19	Ethernet0/0/20
				Ethernet0/0/21	Ethernet0/0/22
				Ethernet0/0/23	Ethernet0/0/24
10	VLAN0010	Static	ENET	//已经创建了 vlan10，vlan10 中没有端口；	
20	VLAN0020	Static	ENET	//已经创建了 vlan20，vlan20 中没有端口；	

注意，交换机默认所有的接口都属于 vlan 1。

将端口添加到各自的 VLAN 中。

```
switch（Config）#vlan 10                //进入 vlan 10
switch（Config-Vlan10）#switchport interface ethernet 0/0/1-2
//给 vlan10 加入端口 1-2
Set the port Ethernet0/0/1 access vlan 10 successfully
Set the port Ethernet0/0/2 access vlan 10 successfully
switch（Config-Vlan10）#exit
```

通过上述命令在 vlan10 的配置模式中将 1、2 两个端口添加到 vlan10 中，其中命令 switchport interface ethernet 均为配置命令和参数，后面跟的端口号是可以改变的，根据实际的情况进行配置即可。

注意，想加入的端口如果不是连续的，则需要使用"；"将不连续的端口分开表示。

```
switch（Config）#vlan 20                //进入 vlan 20
switch（Config-Vlan20）#switchport interface ethernet 0/0/3
//给 vlan20 加入端口 3
Set the port Ethernet0/0/3 access vlan 20 successfully
switch（Config-Vlan20）#exit
```

上面的命令序列是在使用 vlan20 进入到 vlan20 配置模式后，将端口 3 添加到 vlan20 中。

使用交换机的验证命令再次验证配置是否生效。

```
switch#show vlan
```

VLAN Name		Type	Media	Ports	
1	default	Static	ENET	Ethernet0/0/4	Ethernet0/0/5
Ethernet0/0/6	Ethernet0/0/7				
Ethernet0/0/8	Ethernet0/0/9				
Ethernet0/0/10	Ethernet0/0/11				
Ethernet0/0/12	Ethernet0/0/13				
				Ethernet0/0/14	Ethernet0/0/15

				Ethernet0/0/16	Ethernet0/0/17
Ethernet0/0/18	Ethernet0/0/19				
				Ethernet0/0/20	Ethernet0/0/21
				Ethernet0/0/22	Ethernet0/0/23
				Ethernet0/0/24	
10	VLAN0010	Static	ENET	Ethernet0/0/1	Ethernet0/0/2
20	VLAN0020	Static	ENET	Ethernet0/0/3	

从以上的命令中，可以看到在 vlan10 和 vlan 20 中已经被加入了端口 1、2 和 3。此时的交换机已经从逻辑上划分成了至少两个不同的区域，可以将端口 1、2 和 3，以及它们和其他端口的关系使用如图 3-31 的示意进行理解。

图 3-31 中 1 和 2 两个端口由于被划分到 vlan10 中，和 vlan20 中的端口 3 以及 vlan1 中的 4～24 端口都是属于各自不同的 VLAN 区域的，就像把交换机分成了三段一样，每段都是独立的。

图3-32　交换机逻辑划分后示意

4）通过 PC 的 ping 命令验证 VLAN 的划分结果。

根据 PC 的连接测试连通性，从 PC1 测试到 PC2 和 PC3 的连通性，结果如下。

C:\Documents and Settings\Administrator>ping 192.168.1.20

Pinging 192.168.1.20 with 32 bytes of data:

Reply from 192.168.1.20: bytes=32 time<1ms TTL=128
Reply from 192.168.1.20: bytes=32 time<1ms TTL=128
Reply from 192.168.1.20: bytes=32 time<1ms TTL=128
Reply from 192.168.1.20: bytes=32 time<1ms TTL=128

Ping statistics for 192.168.1.20:
　　Packets: Sent = 4，　Received = 4，　Lost = 0 　（0% loss），
Approximate round trip times in milli-seconds:
　　Minimum = 0ms，　Maximum = 0ms，　Average = 0ms

C:\Documents and Settings\Administrator>ping 192.168.1.30

Pinging 192.168.1.30 with 32 bytes of data:

Request timed out.
Request timed out.
Request timed out.
Request timed out.

Ping statistics for 192.168.1.30:
　　Packets: Sent = 4，　Received = 0，　Lost = 4 　（100% loss），

这是因为 PC1 和 PC2 连接在了相同 VLAN 的端口中，而 PC1 与 PC3 分别处于不同的 VLAN，

相同 VLAN 的成员之间是可以相互连通的，而不同的 VLAN 成员之间是不可以连通的。

实训 5   配置交换机使 VLAN 间可以通信

实训要求

在交换机上划分两个基于端口的 VLAN：vlan100，vlan200，见表 3-5。

表 3-5   VLAN 端口对应关系

VLAN	端口成员
100	0/0/1~0/0/12
200	0/0/13~0/0/24

使得 vlan100 的成员能够互相访问，vlan200 的成员能够互相访问；vlan100 和 vlan200 成员之间不能互相访问。

PC1 和 PC2 的网络设置见表 3-6 和表 3-7。

表 3-6   配置 1

设备	端口	IP	网关 1	Mask
交换机 A		192.168.1.1	无	255.255.255.0
vlan100		无	无	255.255.255.0
vlan200		无	无	255.255.255.0
PC1	1~12	192.168.1.101	无	255.255.255.0
PC2	13~24	192.168.1.102	无	255.255.255.0

表 3-7   配置 2

设备	端口	IP	网关 1	Mask
交换机 A		192.168.1.1	无	255.255.255.0
vlan100		192.168.10.1	无	255.255.255.0
vlan200		192.168.20.1	无	255.255.255.0
PC1	1~12	192.168.10.11	192.168.10.1	255.255.255.0
PC2	13~24	192.168.20.11	192.168.20.1	255.255.255.0

各设备的 IP 地址首先使用配置 1 地址，使用 pc1 ping pc2，网络应该不通。

再按照配置 2 的地址，在交换机上配置 VLAN 接口 IP 地址，使用 pc1 ping pc2，网络连通，该通信属于 VLAN 间通信，要经过三层设备的路由。

若实训结果和理论相符，则本实训完成。

实训步骤

1）交换机恢复出厂设置。

```
switch#set default
switch#write
```

switch#reload

2）为交换机设置 IP 地址即管理 IP。

switch#config
switch（Config）#interface vlan 1
switch（Config-If-Vlan1）#ip address 192.168.1.1 255.255.255.0
switch（Config-If-Vlan1）#no shutdown
switch（Config-If-Vlan1）#exit
switch（Config）#exit

3）创建 vlan100 和 vlan200。

switch（Config）#
switch（Config）#vlan 100
switch（Config-Vlan100）#exit
switch（Config）#vlan 200
switch（Config-Vlan200）#exit
switch（Config）#

验证配置。

switch#show vlan

VLAN	Name	Type	Media	Ports	
1	default	Static	ENET	Ethernet0/0/1	Ethernet0/0/2
				Ethernet0/0/3	Ethernet0/0/4
				Ethernet0/0/5	Ethernet0/0/6
				Ethernet0/0/7	Ethernet0/0/8
				Ethernet0/0/9	Ethernet0/0/10
				Ethernet0/0/11	Ethernet0/0/12
				Ethernet0/0/13	Ethernet0/0/14
				Ethernet0/0/15	Ethernet0/0/16
				Ethernet0/0/17	Ethernet0/0/18
				Ethernet0/0/19	Ethernet0/0/20
				Ethernet0/0/21	Ethernet0/0/22
				Ethernet0/0/23	Ethernet0/0/24
				Ethernet0/0/25	Ethernet0/0/26
				Ethernet0/0/27	Ethernet0/0/28
100	VLAN0100	Static	ENET		
200	VLAN0200	Static	ENET		

4）为 vlan100 和 vlan200 添加端口。

switch（Config）#vlan 100 　　　　　　! 进入 vlan 100
switch（Config-Vlan100）#switchport interface ethernet 0/0/1-12
Set the port Ethernet0/0/1 access vlan 100 successfully
Set the port Ethernet0/0/2 access vlan 100 successfully
Set the port Ethernet0/0/3 access vlan 100 successfully
Set the port Ethernet0/0/4 access vlan 100 successfully
Set the port Ethernet0/0/5 access vlan 100 successfully

Set the port Ethernet0/0/6 access vlan 100 successfully
Set the port Ethernet0/0/7 access vlan 100 successfully
Set the port Ethernet0/0/8 access vlan 100 successfully
Set the port Ethernet0/0/9 access vlan 100 successfully
Set the port Ethernet0/0/10 access vlan 100 successfully
Set the port Ethernet0/0/11 access vlan 100 successfully
Set the port Ethernet0/0/12 access vlan 100 successfully
switch（Config-Vlan100）#exit

switch（Config）#vlan 200   ! 进入 vlan 200
switch（Config-Vlan200）#switchport interface ethernet 0/0/13-24
Set the port Ethernet0/0/13 access vlan 200 successfully
Set the port Ethernet0/0/14 access vlan 200 successfully
Set the port Ethernet0/0/15 access vlan 200 successfully
Set the port Ethernet0/0/16 access vlan 200 successfully
Set the port Ethernet0/0/17 access vlan 200 successfully
Set the port Ethernet0/0/18 access vlan 200 successfully
Set the port Ethernet0/0/19 access vlan 200 successfully
Set the port Ethernet0/0/20 access vlan 200 successfully
Set the port Ethernet0/0/21 access vlan 200 successfully
Set the port Ethernet0/0/22 access vlan 200 successfully
Set the port Ethernet0/0/23 access vlan 200 successfully
Set the port Ethernet0/0/24 access vlan 200 successfully
switch（Config-Vlan200）#exit

验证配置。

switch#show vlan

VLAN	Name	Type	Media	Ports	
1	default	Static	ENET	Ethernet0/0/25	Ethernet0/0/26
				Ethernet0/0/27	Ethernet0/0/28
100	VLAN0100	Static	ENET	Ethernet0/0/1	Ethernet0/0/2
				Ethernet0/0/3	Ethernet0/0/4
				Ethernet0/0/5	Ethernet0/0/6
				Ethernet0/0/7	Ethernet0/0/8
				Ethernet0/0/9	Ethernet0/0/10
				Ethernet0/0/11	Ethernet0/0/12
200	VLAN0200	Static	ENET	Ethernet0/0/13	Ethernet0/0/14
				Ethernet0/0/15	Ethernet0/0/16
				Ethernet0/0/17	Ethernet0/0/18
				Ethernet0/0/19	Ethernet0/0/20
				Ethernet0/0/21	Ethernet0/0/22
				Ethernet0/0/23	

switch#

5）验证实训，见表 3-8。

表 3-8　配置 1 的地址

PC1 位置	PC2 位置	动作	结果
0/0/1～0/0/12 端口	0/0/13～0/0/24 端口	PC1 ping PC2	不通

6）添加 vlan 地址。

switch（Config）#interface vlan 100

switch（Config-If-Vlan100）# %Jan 01 00:00:59 2006 %LINK-5-CHANGED: Interface Vlan100， changed state to UP

switch（Config-If-Vlan100）#ip address 192.168.10.1 255.255.255.0

switch（Config-If-Vlan100）#no shut

switch（Config-If-Vlan100）#exit

switch（Config）#interface vlan 200

switch（Config-If-Vlan200）# %Jan 01 00:00:59 2006 %LINK-5-CHANGED: Interface Vlan100， changed state to UP

switch（Config-If-Vlan200）#ip address 192.168.20.1 255.255.255.0

switch（Config-If-Vlan200）#no shut

switch（Config-If-Vlan200）#exit

switch（Config）#

按要求连接 PC1 与 PC2，验证配置。

switch#show ip route

Codes: K - kernel，　C - connected，　S - static，　R - RIP，　B - BGP

　　　　O - OSPF，　IA - OSPF inter area

　　　　N1 - OSPF NSSA external type 1，　N2 - OSPF NSSA external type 2

　　　　E1 - OSPF external type 1，　E2 - OSPF external type 2

　　　　i - IS-IS，　L1 - IS-IS level-1，　L2 - IS-IS level-2，　ia - IS-IS inter area

　　　　* - candidate default

C　　　　127.0.0.0/8 is directly connected，　Loopback

C　　　　192.168.10.0/24 is directly connected，　Vlan100

C　　　　192.168.20.0/24 is directly connected，　Vlan200

switch#

7）验证实训，见表 3-9。

表 3-9　配置 2 的地址

PC1 位置	PC2 位置	动作	结果
0/0/1～0/0/12 端口	0/0/13～0/0/24 端口	PC1 ping PC2	通

⚫ 实训 6　配置交换机 ACL 使 VLAN 间的通信处于受控状态

实训拓扑如图 3-32 所示。

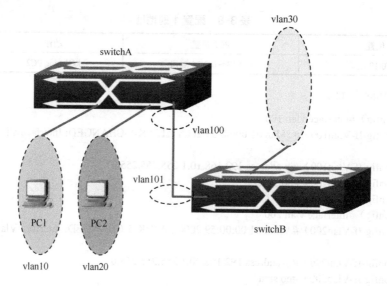

图3-32　ACL实训拓扑设计

实训要求

在交换机 A 和交换机 B 上分别划分基于端口的 VLAN，见表 3-10。

表 3-10　VLAN 划分规划

交换机	VLAN	端口成员
交换机 A	10	1~8
	20	9~16
	100	24
交换机 B	30	1~8
	101	24

交换机 A 和 B 通过的 24 口级联。

分别配置交换机 A 和 B 各 VLAN 虚拟接口的 IP 地址，见表 3-11。

表 3-11　VLAN 接口 IP 地址规划

vlan10	vlan 20	vlan 30	vlan 100	vlan 101
192.168.10.1	192.168.20.1	192.168.30.1	192.168.100.1	192.168.100.2

PC1 和 PC2 的网络设置见表 3-12。

表 3-12　PC 网络设置规划

设备	IP 地址	gateway	Mask
PC1	192.168.10.101	192.168.10.1	255.255.255.0
PC2	192.168.20.101	192.168.20.1	255.255.255.0

验证：

PC1 和 PC2 都通过交换机 A 连接到交换机 B。

1）不配置 ACL，两台 PC 都可以 ping 通 vlan30。

2）配置 ACL 后，PC1 和 PC2 的 IP ping 不通 vlan 30，更改了 IP 地址后才可以。

若实训结果和理论相符，则本实训完成。

实训步骤

1）交换机全部恢复出厂设置，配置交换机的 VLAN 信息。

交换机 A。

```
DCRS-5656-A#conf
DCRS-5656-A（Config）#vlan 10
DCRS-5656-A（Config-Vlan10）#switchport interface ethernet 0/0/1-8
DCRS-5656-A（Config-Vlan10）#exit
DCRS-5656-A（Config）#vlan 20
DCRS-5656-A（Config-Vlan20）#switchport interface ethernet 0/0/9-16
DCRS-5656-A（Config-Vlan20）#exit
DCRS-5656-A（Config）#vlan 100
DCRS-5656-A（Config-Vlan100）#switchport interface ethernet 0/0/24
Set the port Ethernet0/0/24 access vlan 100 successfully
DCRS-5656-A（Config-Vlan100）#exit
DCRS-5656-A（Config）#
```

验证配置。

```
DCRS-5656-A#show vlan
```

VLAN	Name	Type	Media	Ports	
1	default	Static	ENET	Ethernet0/0/17	Ethernet0/0/18
				Ethernet0/0/19	Ethernet0/0/20
				Ethernet0/0/21	Ethernet0/0/22
				Ethernet0/0/23	Ethernet0/0/25
				Ethernet0/0/26	Ethernet0/0/27
				Ethernet0/0/28	
10	VLAN0010	Static	ENET	Ethernet0/0/1	Ethernet0/0/2
				Ethernet0/0/3	Ethernet0/0/4
				Ethernet0/0/5	Ethernet0/0/6
				Ethernet0/0/7	Ethernet0/0/8
20	VLAN0020	Static	ENET	Ethernet0/0/9	Ethernet0/0/10
				Ethernet0/0/11	Ethernet0/0/12
				Ethernet0/0/13	Ethernet0/0/14
				Ethernet0/0/15	Ethernet0/0/16
100	VLAN0100	Static	ENET	Ethernet0/0/24	

```
DCRS-5656-A#
```

交换机 B。

DCRS-5656-B（Config）#vlan 30
DCRS-5656-B（Config-Vlan30）#switchport interface ethernet 0/0/1-8
DCRS-5656-B（Config-Vlan30）#exit
DCRS-5656-B（Config）#vlan 40
DCRS-5656-B（Config-Vlan40）#switchport interface ethernet 0/0/9-16
DCRS-5656-B（Config-Vlan40）#exit
DCRS-5656-B（Config）#vlan 101
DCRS-5656-B（Config-Vlan101）#switchport interface ethernet 0/0/24
Set the port Ethernet0/0/24 access vlan 101 successfully
DCRS-5656-B（Config-Vlan101）#exit
DCRS-5656-B（Config）#

验证配置。

DCRS-5656-B#show vlan

VLAN	Name	Type	Media	Ports	
1	default	Static	ENET	Ethernet0/0/17	Ethernet0/0/18
				Ethernet0/0/19	Ethernet0/0/20
				Ethernet0/0/21	Ethernet0/0/22
				Ethernet0/0/23	Ethernet0/0/25
				Ethernet0/0/26	Ethernet0/0/27
				Ethernet0/0/28	
10	VLAN0010	Static	ENET	Ethernet0/0/1	Ethernet0/0/2
				Ethernet0/0/3	Ethernet0/0/4
				Ethernet0/0/5	Ethernet0/0/6
				Ethernet0/0/7	Ethernet0/0/8
20	VLAN0020	Static	ENET	Ethernet0/0/9	Ethernet0/0/10
				Ethernet0/0/11	Ethernet0/0/12
				Ethernet0/0/13	Ethernet0/0/14
				Ethernet0/0/15	Ethernet0/0/16
100	VLAN0100	Static	ENET	Ethernet0/0/24	

DCRS-5656-B#

2）配置交换机各 VLAN 虚拟接口的 IP 地址。

交换机 A。

DCRS-5656-A（Config）#int vlan 10
DCRS-5656-A（Config-If-Vlan10）#ip address 192.168.10.1 255.255.255.0
DCRS-5656-A（Config-If-Vlan10）#no shut
DCRS-5656-A（Config-If-Vlan10）#exit
DCRS-5656-A（Config）#int vlan 20
DCRS-5656-A（Config-If-Vlan20）#ip address 192.168.20.1 255.255.255.0
DCRS-5656-A（Config-If-Vlan20）#no shut
DCRS-5656-A（Config-If-Vlan20）#exit
DCRS-5656-A（Config）#int vlan 100
DCRS-5656-A（Config-If-Vlan100）#ip address 192.168.100.1 255.255.255.0

DCRS-5656-A（Config-If-Vlan100）#no shut
DCRS-5656-A（Config-If-Vlan100）#
DCRS-5656-A（Config-If-Vlan100）#exit
DCRS-5656-A（Config）#

交换机 B。

DCRS-5656-B（Config）#int vlan 30
DCRS-5656-B（Config-If-Vlan30）#ip address 192.168.30.1 255.255.255.0
DCRS-5656-B（Config-If-Vlan30）#no shut
DCRS-5656-B（Config-If-Vlan30）#exit
DCRS-5656-B（Config）#int vlan 101
DCRS-5656-B（Config-If-Vlan101）#ip address 192.168.100.2 255.255.255.0
DCRS-5656-B（Config-If-Vlan101）#exit
DCRS-5656-B（Config）#

3）配置静态路由。

交换机 A。

DCRS-5650-A（Config）#ip route 0.0.0.0 0.0.0.0 192.168.100.2

验证配置。

DCRS-5650-A#show ip route
Codes: K - kernel，　C - connected，　S - static，　R - RIP，　B - BGP
　　　　O - OSPF，　IA - OSPF inter area
　　　　N1 - OSPF NSSA external type 1，　N2 - OSPF NSSA external type 2
　　　　E1 - OSPF external type 1，　E2 - OSPF external type 2
　　　　i - IS-IS，　L1 - IS-IS level-1，　L2 - IS-IS level-2，　ia - IS-IS inter area
　　　　* - candidate default

Gateway of last resort is 192.168.100.2 to network 0.0.0.0

S*　　　0.0.0.0/0 [1/0] via 192.168.100.2，　Vlan100
C　　　127.0.0.0/8 is directly connected，　Loopback
C　　　192.168.10.0/24 is directly connected，　Vlan10
C　　　192.168.20.0/24 is directly connected，　Vlan10
C　　　192.168.100.0/24 is directly connected，　Vlan100

交换机 B。

DCRS-5650-B（Config）#ip route 0.0.0.0 0.0.0.0 192.168.100.1

4）在 vlan30 端口上配置端口的环回测试功能，保证 vlan30 可以 ping 通。

交换机 B。

DCRS-5656-B（Config）# interface ethernet 0/0/1 //任意一个 vlan 30 内的接口均可
DCRS-5656-B（Config-If-Ethernet0/0/1）#loopback
DCRS-5656-B（Config-If-Ethernet0/0/1）#no shut
DCRS-5656-B（Config-If-Ethernet0/0/1）#exit

5）不配置 ACL 验证实训。

验证 PC1 和 PC2 之间是否可以 ping 通 vlan30 的虚拟接口 IP 地址。

6）配置配置访问控制列表。

方法 1：配置命名标准 IP 访问列表。

DCRS-5656-A（Config）#ip access-list standard test
DCRS-5656-A（Config-Std-Nacl-test）#deny 192.168.10.101 0.0.0.255
DCRS-5656-A（Config-Std-Nacl-test）#deny host-source 192.168.20.101
DCRS-5656-A（Config-Std-Nacl-test）#exit
DCRS-5656-A（Config）#

验证配置。

DCRS-5656-A#show access-lists
ip access-list standard test（used 1 time（s））
    deny 192.168.10.101 0.0.0.255
    deny host-source 192.168.20.101

方法 2：配置数字标准 IP 访问列表。

DCRS-5656-A（Config）#access-list 11 deny 192.168.10.101 0.0.0.255
DCRS-5656-A（Config）#access-list 11 deny 192.168.20.101 0.0.0.0

7）配置访问控制列表功能开启，默认动作为全部开启。

DCRS-5656-A（Config）#firewall enable
DCRS-5656-A（Config）#firewall default permit
DCRS-5656-A（Config）#

验证配置。

DCRS-5656-A#show firewall
Fire wall is enabled.
Firewall default rule is to permit any ip packet.
DCRS-5656-A#

8）绑定 ACL 到各端口。

DCRS-5656-A（Config）#interface ethernet 0/0/1
DCRS-5656-A（Config-Ethernet0/0/1）#ip access-group 11 in
DCRS-5656-A（Config-Ethernet0/0/1）#exit
DCRS-5656-A（Config）#interface ethernet 0/0/9
DCRS-5656-A（Config-Ethernet0/0/9）#ip access-group 11 in
DCRS-5656-A（Config-Ethernet0/0/9）#exit

验证配置。

DCRS-5656-A#show access-group
interface name:Ethernet0/0/9
    IP Ingress access-list used is 11， traffic-statistics Disable.
interface name:Ethernet0/0/1
    IP Ingress access-list used is 11， traffic-statistics Disable.

9）验证实训，见表 3-13。

表 3-13　验证结果规划

PC	端口	ping	结果	原因
PC1：192.168.10.101	0/0/1	192.168.30.1	不通	
PC1：192.168.10.12	0/0/1	192.168.30.1	通	
PC2：192.168.20.101	0/0/9	192.168.30.1	不通	
PC2：192.168.20.12	0/0/9	192.168.30.1	通	

本项目主要使用了交换机完成整网连通，未涉及更深入的交换机功能设置，针对目前主流的星形网络做了细节上的实训任务分解，主要涵盖了交换机的使用和维护、配置；集群管理的交换机实现；802.1x 技术实现。

巩固提高

1）交换机的前面板通常包含两类端口，其中用数字标明的端口用来连接普通终端或其他网络设备，可通过它们传输网络数据；另一个标明 console 的端口不是用来连接普通终端网卡接口的，使用普通双绞线连接到 PC 网卡或任何其他网络设备都不可以实现通信。

2）交换机的端口指示灯可以表明最基本的三个状态：非连通状态、连通但没有数据传输和连通并有数据在传输。其中，非连通时端口指示灯不亮，连通但没有数据时指示灯亮起并不闪烁，连通并有数据时指示灯亮起且不停闪烁。

3）普通交换机一般只有电源线插头，但并不具备电源开关。

4）交换机互相连接时可以使用普通的双绞线。

5）第一次使用交换机，必须使用带外管理方式才可以配置交换机。

6）为交换机进行适当配置后，网络中被授权的用户就可以在与交换机存在连通性的网络终端上配置交换机了。

7）带内管理方式必须都要为交换机配置管理 IP 地址，而带外方式则不需要。

8）带外管理方式受限于管理终端与交换机的距离，要求管理员计算机必须在设备附近 1m 内。

9）交换机配置命令在通常情况下不可以在所有模式通用，因此，作为网络管理员或网络工程师需要对各个模式的常用配置命令有一个清晰的概念，这样是非常有助于快速完成网络功能配置的。

10）no 命令是交换机中通常用来清除某项配置的，它的用法是在原来配置命令的基础上在前面添加一个 no，但需要注意的是并不是所有的清除配置都需要将配置时的命令写全，这时如果配合"？"来查看是否可以使用<Enter>键结束这个 no 命令就是比较常用的方法了。

11）如果实训结束，希望将设备的配置一次性清空成出厂时的配置，则不需要使用 no 命令。在专门的整体实训室中，有更方便的实现方法，请在实际环境中认真体会。

12）在交换机配置过程中，省略的命令系统也是可以识别的，通常当管理员输入的字母已经能够使系统在这个模式中唯一地确认一个命令，系统就会接受这个命令，否则系统将会报错。

13）交换机通常还会支持<Tab>键补全功能，但这个键的使用也是有一定条件的，就是已经输入的字母能够使系统在这个模式中唯一地确认一个命令，系统才会根据识别的命令补全这个未被管理员输入完整的命令。

14）由于在交换机中可以实现不同 VLAN 的成员之间不能连通，这种技术就可以被用来针对不同业务部门的员工端口进行划分，从而实现不同业务部门的数据隔离。

15）VLAN 的划分通常可分为两步进行：创建 VLAN；将端口添加到创建的 VLAN 中。

16）交换机出厂时的配置是所有的端口都在相同的 VLAN1 中，因此，它们之间都可以相互连通，但只要配置了新的 VLAN 并把端口添加到新的 VLAN 中，它们将自动从 VLAN1 中分离出来，也就是普通的交换机端口是不可以同时属于多个 VLAN 的。

17）交换机管理 IP 地址设置时，在 VLAN1 中创建了属于这个 VLAN 全体成员的三层管理 IP，也是因为这个 VLAN 默认包含了所有端口。

1）第三种交换机的配置方法是否可以用来进行交换机软件版本的升级和备份？

2）如果接入层是二层交换机，第三层是三层交换机，要实现 VLAN 的互通应该如何做？

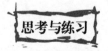

1. 选择题

1）在 OSI/RM 参考模型中，（　　　　）处于模型的最底层。

A. 物理层　　　　　　　　　　B. 网络层

C. 传输层　　　　　　　　　　D. 应用层

2）TCP 工作在以下的哪个层（　　　　）。

A. 物理层　　　　　　　　　　B. 传输层

C. 链路层　　　　　　　　　　D. 应用层

3）网络体系结构可以定义成（　　　　）。

A. 计算机网络的实现

B. 执行计算机数据处理的软件模块

C．建立和使用通信硬件和软件的一套规则和规范

D．由 ISO（国际标准化组织）制定的一个标准

4）TCP/IP 体系结构中的 TCP 和 IP 所提供的服务分别为（　　　　　）。

A．链路层服务和网络层服务　　　　B．网络层服务和运输层服务

C．运输层服务和应用层服务　　　　D．运输层服务和网络层服务

2．简答题

计算机网络的 OSI 参考模型采用分层的结构化技术，共分为 7 层，请以从低到高的顺序依次说出每一层的作用。

项目4　规划与分配网络地址

项 目 描 述

由于公司合并，出现了众多分部，企业网络互联的问题暴露了出来。

在网络 IP 地址不足的情况下，众多公司都纷纷使用私有 IP 地址网络段来规划，企业合并后，他们所使用的 IP 地址段是重叠在一起的，因此，要合并两个网络成为一个大网，只能重新规划。

项 目 准 备

IP 地址管理主要用于给一个物理设备分配一个逻辑地址。一个以太网上的两个设备之所以能够交换信息就是因为在物理以太网上，每个设备都有一块网卡，并拥有唯一的以太网地址。如果设备 A 向设备 B 传送信息，则设备 A 需要知道设备 B 的以太网地址。像 Microsoft 的 NetBIOS 协议，它要求每个设备广播它的地址，这样其他设备才能知道它的存在。IP 使用的这个过程叫作地址解析协议。不论是哪种情况，地址应为硬件地址，并且在本地物理网上。

一般看到的IP地址是由4组0～255的数字组成，每组数字用英文句点隔开，如192.168.0.254。但是实质上，IP 地址是由 4 组 8 位的二进制数组成，不够 8 位前面用 0 补齐。也可以将 IP 地址看成 32 位的二进制数。在这些数字中一部分代表计算机的网络号，另一部分代表计算机的主机号。网络号代表计算机在哪个网络（IP 网段）中，主机号代表计算机是属于这个网络中的哪台计算机。

（1）IP 地址的分类

为了方便 IP 地址的管理，IP 地址的设计者将 IP 地址分为 A、B、C、D、E 类。用 W.X.Y.Z 来代表一个IP 地址，看它是哪一类的，只看它的 W 取值在哪一类中，见表 4-1。

表 4-1　IP 地址分类

类别	W 取值（十进制）	W 取值（二进制）	网络号	主机号
A 类	1～126	0nnnnnnn	W.0.0.0	X.Y.Z
B 类	128～191	10nnnnnn	W.X.0.0	Y.Z
C 类	192～223	110nnnnn	W.X.Y.0	Z
D 类	224～239	1110nnnn	组播地址	
E 类	240～248	11110nnn	保留今后使用	

说明：n 为未知数。

假设一个 IP 地址为 192.168.0.6，属于 C 类 IP 地址，它的网络号是 192.168.0.0，主机号是 6。那么在这个 C 类 IP 网段中，有多少个 IP 地址是可以分配给计算机的呢？应该是最后一组数 Z 的变化次数 256，再减 2。减 2 的原因是在这些数字中 0（192.168.0.0）是网络号，不可以分配给计算机，255（192.168.0.255）是这个网段的广播地址，也不能分配给计算机。当想让这个网段中的所有计算机都收到某个信息时，数据的目的地址应写为 192.168.0.255。这里有一个规则，即在一个网段中最小数是网络号，最大数是主机号，是不能分配给计算机的。

综上所述， C 类网络中可用的 IP 地址有 256−2＝254 个，同理 B 类网络中可用的 IP 地址有 256×256−2＝65 534 个，A 类是 256×256×256−2＝16 777 214 个。

通过表 4-1 还会发现，W 为 0 的 IP 地址也是不可用的。另外，W 为 127 的 IP 地址也不可用，以 127 开头的 IP 地址是网卡内回环地址。

（2）子网掩码

子网掩码用于说明子网域在一个 IP 地址中的位置。192.168.0.6 是 C 类网络地址，网络号为 192.168.0.0。但是计算机如何识别这些信息呢？计算机通过子网掩码来识别 IP 地址的网络号。

子网掩码是由若干连续的 1 加上若干个连续的 0 组成的 32 位的二进制数。计算机通过将 IP 地址和它的子网掩码进行二进制"与"运算来得出网络号。表 4-2 列出了 A、B、C 类 IP 地址默认的子网掩码。

表 4-2　子网掩码

类别	默认子网掩码（十进制）	类别	默认子网掩码（十进制）	类别	默认子网掩码（十进制）
A 类	255.0.0.0	B 类	255.255.0.0	C 类	255.255.255.0

二进制数的"与"运算是对位相与，公式如下：

● 1 与 1 得 1
● 0 与 1 得 0
● 0 与 0 得 0

表 4-3 列出了十进制与二进制的对应关系。

用法举例：计算 217 的二进制数。把 217 拆为 2 的幂数相加形式。

217＝128＋64＋16＋8＋1

将 2 的幂数转换为二进制数。

128＝10000000

64＝01000000

16＝00010000

8＝00001000

1＝00000001

通过上述计算能知道 217 转换成的二进制数在哪几位有 1，得到的二进制数为 11011001。

表 4-3　十进制和二进制对应

十进制	二进制	十进制	二进制
1	00000001	16	00010000
2	00000010	32	00100000
4	00000100	64	01000000
8	00001000	128	10000000

（3）IP 子网划分

子网是一个逻辑概念，子网中的各主机的 NetID 是相同的。网段是一个物理概念，是指在物理上独立的一段网络。子网与网段之间，可以是多对多的关系。划分子网（subnetworking）的好处如下。

1）混合使用多种技术，如以太网和令牌网。

2）克服已有技术的缺陷，如超过每段中最大主机数目。

3）通过对交通重定向和减少广播来减少网络阻塞。

将 IP 地址的各位，NetID 全改为 1，HostID 全改为 0，则是子网掩码。

与 IP 地址进行逻辑"与"运算，用来分辨网络 ID 和主机 ID。

1）标准子网掩码。

A 类：255.0.0.0

B 类：255.255.0.0

C 类：255.255.255.0

例 1：IP 地址是 131.107.33.10，子网掩码是 255.255.0.0。

```
        131    .    107    .    33    .    10
  10000011.01101011.00100001.00001010
  11111111.11111111.00000000.00000000
  10000011.01101011.00000000.00000000
```

网络 ID　131. 107. 0 .0

主机 ID　0 . 0 . 33. 10

例 2：IP 地址是 193.1.1.200，子网掩码是 255.255.255.0。

```
        193    .    1    .    1    .    200
  11000001.00000001.00000001.11001000
  11111111.11111111.11111111.00000000
  11000001.00000001.00000001.00000000
```

网络 ID　193.1.1 .0

主机 ID　0. 0. 0. 200

2）非标准子网掩码。

借用主机 ID 充当网络 ID 的方法。

A 类：255.240.0.0

B 类：255.255.252.0

C 类：255.255.255.224

规则：子网 ID 与主机 ID 不能全为"0"（无借位）或"1"（与掩码一样）。

例如：IP 地址是 131.107.33.10，子网掩码是 255.255.224.0

```
        131    .    107    .    33    .    10
10000011.01101011.00100001.00001010
11111111.11111111.11100000.00000000
10000011.01101011.00100000.00000000
```

网络 ID　131. 107. 32. 0

主机 ID　　0. 0. 1. 10

（4）IPv6

从 IPv4 到 IPv6 的演进是一个逐渐演进的过程，而不是彻底改变的过程。引入 IPv6 技术，要实现全球 IPv6 互联，仍需要一段时间使所有服务都实现全球 IPv6 互联。在第一个演进阶段，只要将小规模的 IPv6 网络连入 IPv4 互联网，就可以通过现有网络访问 IPv6 服务。但是基于 IPv4 的服务已经很成熟，它们不会立即消失。重要的是一方面要继续维护这些服务，同时还要支持 IPv4 和 IPv6 之间的互通性。

随着网络规模的持续膨胀和新型网络应用需求的不断增长，目前的互联网在可扩展性、IP 地址空间、安全、服务质量控制、移动性、运营管理和赢利模式等诸多方面面临着挑战，尤其是 IP 地址空间匮乏、可扩展性差等问题严重制约了互联网的发展，需要探索新的技术来解决这些问题。IPv6 通过采用 128 位的地址空间替代 IPv4 的 32 位地址空间来扩充互联网的地址容量，使得 IP 地址在可以预见的时期内不再成为限制网络规模的一个因素，同时在安全性、服务质量及移动性等方面有了较大的改进，使互联网能承担更多的任务，为以 IP 为基础的网络融合奠定了坚实的基础。IPv6 和 IPv4 的特性对比见表 4-4。

表 4-4　IPv6 和 IPv4 的特性对比

特性	IPv6	IPv4
地址空间	足够大	理论上是 40 亿，实际要少得多
移动 IP	内置安全性；能够满足全球移动终端的需要	能够满足有限量的移动终端的需要
安全性	采用标准的安全方法，能够应用于全球企业网访问，例如，虚拟专网	有几种方法可选，但每种都由于地址空间有限而无法适应网络规模的发展
网络的自动配置	IPv6 标准的一部分	没有综合性的标准解决办法

在目前的网络连接过程中，几乎所有国内企业在接入互联网的时候申请到的 IP 地址都远

远不能满足内网用户每个终端分配的需要，这是由于 IPv4 地址空间设计不足以及初期的无序使用造成的。目前虽然 IPv6 技术已经开始逐渐替代 IPv4 网络，但作为一种应用很广的技术，网络工程师们通常需要对如何规划私有地址设置局域网以及使内网用户都可以使用有限的公网 IP 接入互联网的技术非常了解。

使用 IPv4 技术接入互联网的方式如图 4-1 所示。在图 4-1 所示的环境中，由于任何公司都可以随意使用私有地址空间，所以这就相当于扩充了 IPv4 的地址空间，但如果这些地址要访问全球统一规划地址的公网，则需要对私有地址进行转化，以避免在公网造成地址重复的现象从而影响连通性。

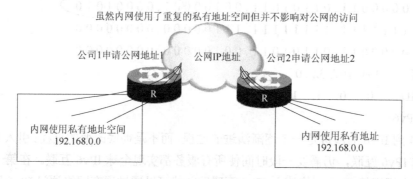

图4-1　地址转换应用示意

每个公司向公网申请到的 IP 地址是统一规划和管理的，因此，只要私有地址发送的数据经过公司边界的时候都能够被转化成公网地址，即可以保证不会引起公网地址冲突了。

（5）NAT（Network Address Translation，网络地址转换）

用于将一个地址域（如，专用 Intranet）映射到另一个地址域（如，互联网）的标准方法，如图 4-2 所示。NAT 允许一个机构专用 Intranet 中的主机透明地连接到公共域中的主机，无需内部主机拥有注册的（以及越来越缺乏的）互联网地址。互联网工程任务组意识到目前地址空间（即所谓的 IPv4）即将会耗尽已经有近十年时间了。尽管即将出现的 IPv6 被视为解决互联网不断发展的长期解决方案，但是在过去几年中还提出了其他一些短期解决方案。

正是由于 IP 地址已经明显不够目前全球的网络节点分配，人们想如果有一些地址只用来分配给内部主机而不会在互联网中使用，就可以使内网这个主机重复使用 IP 地址，从而节省 IP 地址的使用了。

国际标准定义了如下几个网段的私有 IP 地址，它们就是用来为内部局域网用户服务的 IP。

A 类：10.0.0.0，掩码：255.0.0.0。

B 类：172.16.0.0~172.31.0.0，掩码 255.255.0.0。

C 类：192.168.0.0~192.168.255.0，掩码：255.255.255.0。

使用 NAT 的优点主要有以下几个方面。

1）节省合法注册地址。

2）减少地址交叠情况的产生。

3）增强了内部网络与公用网络连接的灵活性。

4）当网络改变时不需要对地址重新分配。

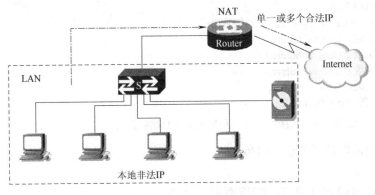

图4-2　NAT环境示意

地址转换的机制将网内主机的 IP 地址和端口号替换为外部网络地址和端口号，实现私有地址+端口号与公有地址+端口号之间的一个转换过程或者私有地址到公有地址的转换。

网络需要地址转换技术的主要原因在于，互联网中的数据不论是源地址还是目的地址字段都是不允许出现可被重复使用的私有地址，因为这样一来，网络设备将不知道该如何转发这些去往相同私有地址的数据。因此，使用私有地址的终端在向互联网发送数据的时候必须经过转换。

实训 1　综合 IP 地址规划

实训要求

本实训每组 3 人，1 台路由器，1 台交换机，3 台 PC，4 根直通双绞线，1 根交叉双绞线，相应的设备配置电缆。

本实训重点在于理解 IP 地址的不同设置方法对网络连通性造成的影响，进而学会总结 IP 地址规划的策略和规律，跨越路由器的设备连通条件以及子网掩码相关的知识。

实训步骤

1）将两台 PC 接入交换机的任意两个接口，配置交换机为出厂状态。

2）配置 PC 的 IP 地址为 192.168.1.10 和 192.168.2.10，掩码为 255.255.255.0，测试其连通性。

在没有给 PC 配置默认网关的情况下，结果如下。

```
C:\>ping 192.168.2.10
正在 Ping 192.168.2.10 具有 32 字节的数据:
PING: 传输失败。General failure.
PING: 传输失败。General failure.
PING: 传输失败。General failure.
PING: 传输失败。General failure.
192.168.2.10 的 Ping 统计信息:
    数据包: 已发送 = 4，已接收 = 0，丢失 = 4 （100% 丢失）
```

配置了各自的默认网关后，结果如下。

```
C:\>ping 192.168.2.10
正在 Ping 192.168.2.10 具有 32 字节的数据:
请求超时。
请求超时。
请求超时。
请求超时。
192.168.2.10 的 Ping 统计信息:
    数据包: 已发送 = 4，已接收 = 0，丢失 = 4 （100% 丢失）
```

以上内容表明配置以上 IP 地址和对应掩码后，无法连通。

3）在第 2）步的基础上将 PC 的地址不变，掩码更改为 255.255.0.0，继续测试连通性。

从第 2）步和第 3）步的结果综合考虑，说明即使不改 IP 地址，把掩码改了，也能使 PC 在一个网络段内。

原来的掩码是三个 255 的，两台 PC 掩码对应的 IP 地址部分不一样，所以就不是一个网段的，不可以连通，掩码变成两个 255，在两个 255 的对应下，两台 PC 的 IP 地址部分也是一样的，证明它们在一个网络段内，如图 4-3 所示。

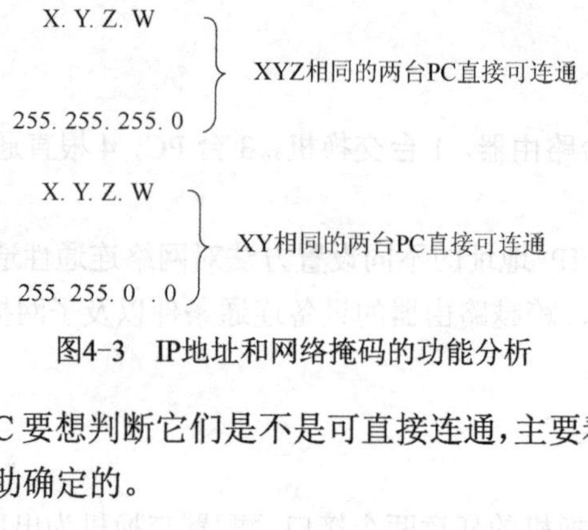

```
X. Y. Z. W
               ⎫
               ⎬  XYZ相同的两台PC直接可连通
255. 255. 255. 0  ⎭

X. Y. Z. W
               ⎫
               ⎬  XY相同的两台PC直接可连通
255. 255. 0 . 0   ⎭
```

图4-3　IP地址和网络掩码的功能分析

即对应一对 IP 地址 PC 要想判断它们是不是可直接连通，主要看其网络部分是不是一样，而网络部分是由掩码来协助确定的。

接下来理解另一种情况。

4）在第 3）步的基础上，将路由器的两个以太网端口分别连接到交换机和另一台 PC 中，如图 4-4 所示。

192.168.1.10　　　　　　　　　　192.168.2.10

图4-4　路由器与交换机连通

注意，此时 PC 如果使用直通线连接路由器端口之后端口不亮，则必须使用交叉双绞线连接。

5）配置路由器端口地址，如图 4-5 所示。

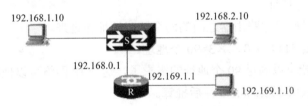

192.168.1.10　　　　　　　　　　192.168.2.10

192.168.0.1

192.169.1.1

192.169.1.10

图4-5　IP地址配置

PC 的 IP 地址也按照图 4-5 进行配置，并且对上面两台 PC 配置默认网关 192.168.0.1，下面一台 PC 默认网关配置 192.169.1.1。

路由器中的配置命令如下，注意掩码位数的差异。

```
Router_config#interface fastethernet 0/0
Router_config_f0/0#ip address 192.168.0.1 255.255.0.0
Router_config_f0/0#exit
Router_config#interface ethernet 0/1
Router_config_e0/1#ip address 192.169.1.1 255.255.255.0
```

6）测试 PC 之间的连通性。

此时测试 PC 之间是可以连通的。

7）尝试将路由器 e0/1 端口的 IP 地址更改为 192.168.3.1，此时系统提示端口地址与路由器端口地址重叠，不允许配置。

这是因为，路由器每个端口都是连接不同网段的，它的端口地址都应该是不同网段的网关地址，在 f0/0 端口地址为 192.168.0.0（掩码是 255.255.0.0）网段的地址时，路由器会认为所有以 192.168 开头的地址都不被允许配置在其他端口上。

8）将路由器 f0/0 的 IP 地址更改为 192.168.1.1，掩码改为 255.255.255.0，并更改 PC 地址

为 192.168.1.10 和 192.168.1.20,掩码为 255.255.255.0。再将 e0/1 的 IP 地址更改为 192.168.3.1,PC 地址更改为 192.168.3.10,掩码 255.255.255.0,再次测试连通性。

此时配置路由器 e0/1 192.168.3.1 的地址就可以了。这是因为 f0/0 端口的地址掩码变更为 255.255.255.0 之后,网络段变更为 192.168.1.0 了,此时 192.168.3.0 网段的地址自然被认为是另一个网段的地址,路由器就不会再报错了。

9)按照实际需求为网络规划 IP 地址。

把网络的一部分规划好,然后再按这种方法规划其他区域就可以了。

先观察原来 A 集团的网络拓扑,如图 4-6 所示。

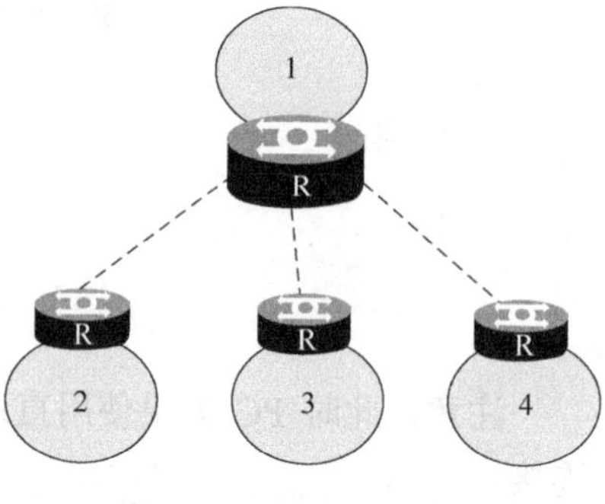

这个拓扑中每个路由器下接的区域都是要有若干 IP 地址的,IP 地址规划的第一步就是了解这些区域中的节点个数。

其中最上面的 1 区需要 50 个节点地址,下面的 2~4 区每区需要 10 个节点地址。

图4-6 IP地址规划环境示意

注意,统计的时候要把路由器之间的两个链路地址加进来。

这样就一共需要 51+11×3+2×3=90 个地址。

一个 C 类地址就可以满足 90 个地址的需求了,这个 IP 网络可以使用 192.168.1.0 网段。其他网络规划时可以用 192.168.2.0 往后推算。

由于这个网络各个区域中所需要的地址数不一样,通常要先把最大的网络规划出来,剩下的地址空间再分配给次大的,最后分配最小的网络。

注意,虽然这是一个大网络,但属于不同的小网络,跨越路由设备,就要配置到不同的子网。

1 区是最大的网络,需要 51 个节点地址,其中一个是给路由器接口的,其他给区域中的设备。在 192.168.1.0 这个大网络地址空间中,首先要考虑需要保留多少主机位可以满足这个条件。

2 的 6 次方是 64,大于 51,因此,需要保留 6 个主机位给第一个区作子网的主机位。地址空间如图 4-7 所示。

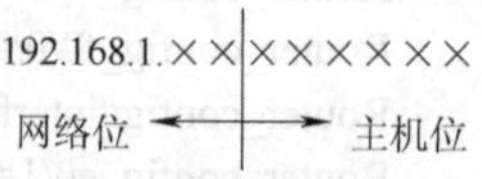

图4-7 IP一级子网示意

接下来,需要考虑这个网络的网络地址是多少,还有主机地址范围是什么。把网络位可选的×位作 0~1 的组合,再把主机位作 0~1 的组合,得到的就是范围了。

把网络位可选的第一种非全 0 组合作为它的网络号,主机位从全 0 到全 1 的组合列出如图 4-8 所示。

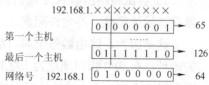

经过以上计算可以得出,1 区中的 IP 地址范围是 192.1681.65~192.168.1.126,网络号是 192.168.1.64。

图4-8 IP地址一级子网范围示意

接下来要分配其他网络的 IP 地址,还是首先按照主机节点的个数来确定主机位数需要留多少。

10 个地址需要保留 4 位主机位，如图 4-9 所示。

如图 4-7 所示，第二行选取的 10 代表与 1 区的网络段不冲突的另一个区域，后面的 6 位继续进行切分。这个过程就是把原来 1 区没用到的地址空间再细化，而且只需要 3 个这样的子网，图 4-7 中第二行中 6 个×位中有 2 位作为二级网络位，就会有 4 种组合。这 4 种组合中可以有 3 种给另外 3 个区域用，一个区域再作三级规划给链路用。2～4 区的地址进行规划，如图 4-10 所示。

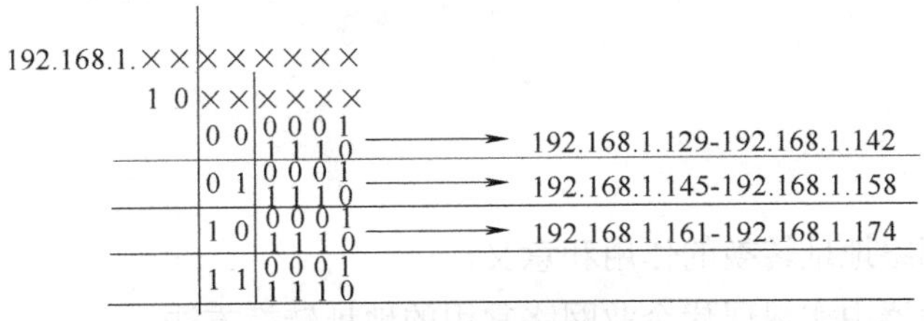

图4-9　IP地址二级子网示意

图4-10　IP地址二级子网范围示意

此时的掩码是 255.255.255.240，而刚才 1 区的掩码是 255.255.255.192。

这就是所谓的 VLSM（Variable Length Subnet Mask，可变长子网掩码）。

接下来的 3 个链路网络把最后的空间划出来即可，如图 4-11 所示。

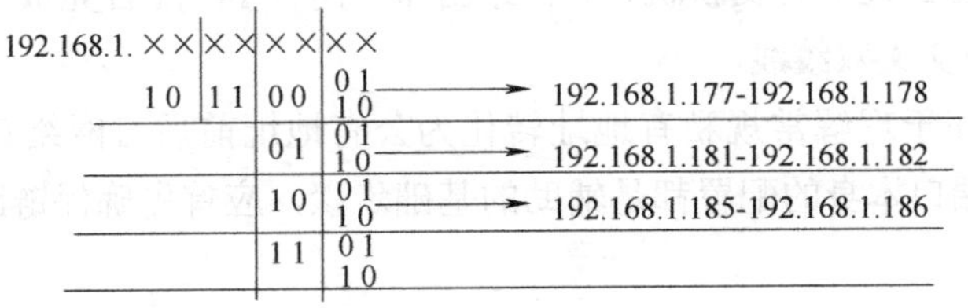

图4-11　IP地址三级子网范围示意

最后的汇总，如图 4-12 所示。

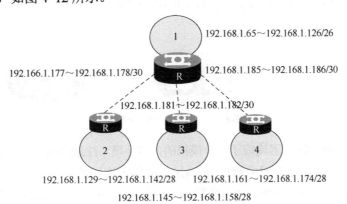

图4-12　IP地址整体规划图

71

这样的划分方法就是按照各个区域所需的节点 IP 地址不同，使用不同长度的掩码，也通常叫作可变长子网掩码划分。

注意，在每个地址段后面用/26、/28、/30 表示的是子网掩码的长度，这是一种简化的掩码表示方法，表示 32 位的掩码中从高位到低位有多少连续的 1。这种表示方法在网络工程中非常常见，在一些操作系统（Linux 类）和网络设备里也是这样进行 IP 地址和子网掩码的配置的（如防火墙）。

◉ 实训 2　实现 IP 地址不足情况下的互联网访问

实训目标

1）理解使用网络地址转换的作用和意义。
2）学会在路由器中实现现代企业网络常用的地址转换方法。
3）理解实训环境和真实网络之间的差异。

实训要求

本实训需要每组 2 人 1 台交换机、1 台路由器、两台 PC 配合完成，其中需要配备 2 根直通双绞线缆，1 根交叉双绞线。

本实训的重点在于理解常规私有地址转化为公有地址前后对网络连通性的影响及其原因，实训过程中对端口本身的配置都是辅助的基础步骤，应首先确保链路本身的畅通。

实训步骤

1）连接 PC1 和交换机以及交换机及路由器以太网接口（此时交换机采用出厂默认配置即可），如图 4-13 所示。

图4-13　典型内网环境模拟

此时 PC、交换机和路由器构成了一个模拟的内网环境。注意交换机应还原为出厂设置。

2）配置 PC1 和路由器的对应端口 IP 地址，并验证连通性。

PC1 的地址配置为 192.168.1.10，掩码为 255.255.255.0，路由器的对应以太网端口 IP 地址为 192.168.1.1，掩码也为 255.255.255.0。

配置和验证过程略，将路由器的配置过程填写到实训报告中。注意此时连接的端口是100Mbit/s 以太网端口。

3）使用交叉双绞线连接 PC2 与路由器的另一个以太网端口。

在第 1）步的基础上添加新的连接，如图 4-14 所示。

图4-14   NAT环境模拟

4）配置 PC2 和路由器的 IP 地址，并验证连通性。

配置 PC2 的 IP 地址为 173.24.33.57，掩码为 255.255.255.0，对应路由器的接口为 10Mbit/s 以太网端口，IP 地址为 173.24.33.56，掩码为 255.255.255.0。

```
Router _config#interface ethernet0/1
Router _config_e0/1#ip address 173.24.33.56 255.255.255.0
Router _config_e0/1#
ping….通的。
```

注意，这个拓扑中的 PC2 代表的是公网的一台服务器，路由器 10Mbit/s 端口所配置的 IP 地址代表申请的公网地址，而 PC1、交换机以及路由器的 100Mbit/s 端口所连接的部分则代表企业内网的简化环境。

值得注意的是，企业有时会再申请几个公网 IP 地址用于内网用户转换后访问外网，这样也是提升访问速度的方式，本实训中假设申请的地址为 173.24.33.51～55，掩码为 255.255.255.0。

5）配置 PC1 的默认网关为对应路由器端口的 IP 地址，不配置 PC2 网关，验证 PC1 与 PC2 的连通性。

此时 PC1 的默认网关应配置为 192.168.1.1，PC2 用于模拟公网服务器，在实际环境中也不会因为公网增加了一个企业的接入而配置一个默认网关的，因此不予配置，但此时的连通性却是如下所示。

```
C:\Documents and Settings\Administrator>ping 173.24.33.57
Pinging 173.24.33.57 with 32 bytes of data:
Request timed out.
Request timed out.
Request timed out.
Request timed out.
Ping statistics for 173.24.33.57:
    Packets: Sent = 4,   Received = 0,   Lost = 4   （100% loss），
```

6）配置路由器的地址转化，将 PC1 的地址转换为 PC2 所在网段的地址。

配置路由器地址转换的任务大致分为如下几步。

①定义被转换的地址范围。

Router-A#*config*
Router-A_config#*ip access-list standard 1*
//定义访问控制列表
Router-A_config_std_nacl#*permit 192.168.1.0 255.255.255.0*
//定义允许转换的源地址范围
Router-A_config_std_nacl#

②定义转换后的地址范围。

Router_config#*ip nat pool dcnu 173.24.33.50 173.24.33.55 255.255.255.0*

//定义名为 dcnu 的转换地址池

以上命令定义了一个地址池，它的第一个地址是 173.24.33.50，最后一个地址是 173.24.33.55，共 6 个地址。定义地址池的目的在于为私有地址的转换提供转换后的地址范围，就是上面列表中的那些地址（192.168.1.0）未来在某些情况下需要被转换成了这个步骤中定义的这 6 个地址。

③定义转换过程。

Router-A_config#*ip nat inside source list 1 pool dcnu overload*
//配置将 ACL 允许的源地址转换成 dcnu 中的地址，并且允许地址复用

以上命令在于定义转换过程的规则，所有满足 list 1 列表的源地址都将被转换为 dcnu 中的 6 个地址中的一个，最后的 overload 表示 dcnu 中的地址都是可以被重复使用的。即内网也许同时有 20 个终端被同时转换成为了 dcnu 中的同一个地址。这样就可以解决内网中上百用户使用有限的公网地址上网的问题了。

④定义转换数据的进入端口。

Router-A_config#*interface fastethernet 0/0*
Router-A_config_f0/0#*ip nat inside*

上述命令定义了快速以太网端口 0/0 为进行地址转换的数据包进入端口，表示所有进入这个端口的数据包都要经过地址转换过程的筛选来决定是否要进行地址转换。

⑤定义转换数据的出口。

Router-A_config_f0/0#*interface ethernet0/1*
Router-A_config_e0/1#*ip nat outside*

上述命令定义了以太网端口 0/1 为进行地址转换的数据包的出口，表示所有出这个端口的数据包都要经过检查来确定已经将符合转化条件的源地址转换成了公网地址池中的地址。

7）验证 PC1 与 PC2 的连通性，理解结果。

C:\Documents and Settings\Administrator>*ping 173.24.33.57*

Pinging 173.24.33.57 with 32 bytes of data:

Reply from 173.24.33.57: bytes=32 time<1ms TTL=128
Reply from 173.24.33.57: bytes=32 time<1ms TTL=128

Reply from 173.24.33.57: bytes=32 time<1ms TTL=128
Reply from 173.24.33.57: bytes=32 time<1ms TTL=128

Ping statistics for 127.0.0.1:
Packets: Sent = 4，Received = 4，Lost = 0 （0% loss），
Approximate round trip times in milli-seconds:
　　Minimum = 0ms，Maximum = 0ms，Average = 0ms

以上为从 PC1 验证与 173.24.33.57 连通的时候系统的回应，请将从 PC2 验证 PC1 的过程记录到实训报告中。

PC1 的数据被路由器转换成看起来像从路由器右侧网段的某个主机发出来的，这样 PC1 回应的时候就直接发包了，然后再经过路由器转换为原来的源地址发出来就通了。

8）在路由器中验证转换过程。

Router-A#*sh ip nat translatios*
Pro. Dir　Inside local　　　Inside global　　Outside local　　Outside global
ICMP OUT 192.168.1.10:512　　173.24.33.50:12512 173.24.33.57:12512　173.24.33.57:12512

注意，这里知道了 PC1 的地址被转换到了 173.24.33.50，然后再被路由器转发给 PC2。

①即使路由器连接的两个网段是出于链路的连通状态，但在终端没有配置网关的前提下，终端之间仍然不可以相互通信。

②只要在路由器中实现某一网段设备到另一网段地址的地址转换，转换后地址段的设备可以不用设置默认网关，同样可以连通路由器另一个端口的网段设备。

③进行动态的地址转换时，从外网无法发起向内网用户的数据传输，但如果内网用户刚与外网用户建立连接，则从外网可以通过向它转换后的 IP 地址发起请求来获得连通性。

1）网络掩码和 IP 地址是相互匹配的，只有正确选择了掩码和 IP，才可以使网络正常连通。

2）路由器中的各个端口 IP 地址不可以相互包含，系统将不予识别重复的 IP 地址范围。

巩固提高

IP 的主要作用在于解决网络数据传输的起点和终点标识以及传输过程本身的一些问题。网络地址规划是其很重要的一个功能，在现在的企业网络中，一般都使用私有网络地址段来规划，因此，地址空间很少出现不够用的情况，VLSM 技术一般不会在实际中用在国内的企业网络段中。但如果在今后的工程中遇到国外的一些项目，可能就要用到这种技术了，因为他们的企业地址很有可能用的是公用地址段。

计算机网络基础

请使用一台三层交换机、若干网线和 3～4 台 PC，模拟简单的局域网环境，按照 IP 地址规划的原则，基于 192.168.1.0 的地址空间进行子网的划分，并配置三层交换机使各 PC 之间互通。

思考与练习

1. 选择题

1）IPv4 地址由（　　　　）位二进制数组成。

A. 16　　　　　　　　B. 32　　　　　　　　C. 64　　　　　　　　D.128

2）IPv4 版本的互联网总共有（　　　　）个 A 类地址网络。

A. 65000　　　　　　　B. 200 万　　　　　　C. 126　　　　　　　D. 128

3）IP 地址 192.168.1.0 代表（　　　　）。

A. 一个 C 类网络号　　　　　　　　　　　　B. 一个 C 类网络中的广播

C. 一个 C 类网络中的主机　　　　　　　　　D. 以上都不是

4）以下网络地址中属于私有地址的是（　　　　）。

A. 172.15.22.1　　　　　　　　　　　　　　B. 128.168.22.1

C. 172.16.22.1　　　　　　　　　　　　　　D. 192.158.22.1

2. 分析题

某公司总部共有主机数量 50 台，要求用地址 192.168.10.0/26 来组网，网络管理员应如何确定公司总部子网数量及每个子网可分配的 IP 地址范围，请写出具体分析过程和结果。

项目 5　配置与管理网络系统

网管小 B 来公司主要负责维护员工的计算机，以及公司内网服务器的正常运行，公司最近刚搬家，很多主机和服务器都需要重新调整和配置。

1．Windows 域与活动目录概述

（1）活动目录的由来

谈到活动目录最容易使人想起的就是 DOS 下的"目录""路径"和 Windows 下的"文件夹"，那时的"目录"或"文件夹"仅代表一个文件存在磁盘上的位置和层次关系，那应该怎样来理解活动目录呢？现在如果有一本 3m 厚的书，当想找到其中某一篇重要的文章时，一定会先去找这本书的目录，再定位到相应的页数，就可以找到了。而在 Windows 网络操作系统中的"活动目录"中的"目录"也就相当于整个网络的一个大的目录，它可以方便用户定位网络资源等，而"活动"可以理解为这个"网络目录"是可以逐渐扩大的。

（2）域

域是 Windows 网络系统的安全性边界。一个计算机网络最基本的单元就是"域"，这一点不是 Windows 所独有的，但活动目录可以贯穿一个或多个域。在独立的计算机上，域即指计算机自身，一个域可以分布在多个物理位置上，同时一个物理位置又可以划分不同网段为不同的域，每个域都有自己的安全策略以及它与其他域的信任关系。当多个域通过信任关系连接起来之后，活动目录可以被多个信任域共享。

（3）域控制器

在"域"模式下，至少有一台服务器负责每一台接入网络的计算机和用户的验证工作，相当于一个单位的门卫一样，称为 DC（Domain Controller，域控制器）。域控制器中包含了由这个域的账户、密码、属于这个域的计算机等信息构成的数据库。当计算机接入网络时，域控制器首先要鉴别这台计算机是否属于这个域，用户使用的登录账号是否存在、密码是否正确。如果以上信息有一个不正确，那么域控制器就会拒绝这个用户从这台计算机登录。不能登录，用户就不能访问服务器上有权限保护的资源，而只能以对等网用户的方式访问 Windows 共享的资源，这样就在一定程度上保护了网络中的资源。

RODC（Read-Only Domain Controller，只读域控制器）是一种新型的用于 Windows Server

2008 操作系统的域控制器，它的安全性得到了提高，同时能够更加快速地登录访问网络资源。在 Windows Server 2008 操作系统中，为了能够支持只读域控制器，在域名解析系统（DNS）中添加了新的活动目录域密码复制策略。而为了部署只读域控制器，在 Windows Server 2008 操作系统中必须至少运行一个可写域控制器。

2. DHCP 协议与服务

在早期的网络管理中，为网络客户机分配 IP 地址是网络管理员的一项复杂的工作。由于每个客户计算机都必须拥有一个独立的 IP 地址以免出现重复的 IP 地址而引起网络冲突，分配 IP 地址对于一个较大的网络来说是一项非常繁杂的工作。为解决这一问题，产生了 DHCP 服务。DHCP 是 Dynamic Host Configuration Protocol 的缩写，它是使用在 TCP／IP 通信协议中，用来暂时指定某一台计算机 IP 地址的通信协议。使用 DHCP 时必须在网络上有一台 DHCP 服务器，而其他计算机执行 DHCP 客户端。当 DHCP 客户端程序发出一个广播信息，要求一个动态的 IP 地址时，DHCP 服务器会根据目前已经配置的地址，提供一个可供使用的 IP 地址和子网掩码给客户端。这样，网络管理员不必再为每个客户计算机逐一设置 IP 地址，DHCP 服务器可自动为上网计算机分配 IP 地址，而且只有客户计算机在开机时才向 DHCP 服务器申请 IP 地址，用完后立即交回。使用 DHCP 服务器动态分配 IP 地址，不但可以节省网络管理员分配 IP 地址的工作，而且可以确保分配地址不重复。另外，客户计算机的 IP 地址是在需要时分配，所以提高了 IP 地址的使用率。

3. FTP 协议与服务

FTP（File Transfer Protocol，文件传送协议）主要作用就是让用户连接上一台希望浏览的远程计算机。这台计算机必须运行着 FTP 服务器程序，并且储存着很多有用的文件，其中包括计算机软件、图像文件、重要的文本文件、声音文件等。这样的计算机称为 FTP 站点或 FTP 服务器。通过 FTP 程序，用户可以查看到 FTP 服务器上的文件。FTP 是在互联网上传送文件的规定的基础。FTP 是一种服务，它可以在互联网上，使得文件可以从一台互联网主机传送到另一台互联网主机上，通过这种方式把互联网中的主机相互联系在一起。

4. DNS 系统概述

在互联网中，每台计算机（无论是服务器还是客户机）都有一个自己的计算机名称。通过这个易识别的名称，网络用户之间可以很容易地进行互相访问以及客户机与存储有信息资源的服务器建立连接等网络操作。不过，网络中的计算机硬件之间真正建立连接并不是通过人们都熟悉的计算机名称，而是通过每台计算机各自独立的 IP 地址来完成的。因为，计算机硬件只能识别二进制的 IP 地址。就像可以把计算机的 IP 地址比喻成身份证号，再把域名比喻成名字，见到一个好友会用名字来称呼他而不是用身份证号码。因此，互联网中有很多域名服务器来完成将计算机名（域名）转换为对应 IP 地址的工作，以便实现网络中计算机的连接。可见 DNS 服务器在互联网中起着重要作用。

5．域名系统介绍

当互联网（原来称为 ARPANET）规模还很小时，一个 host.txt 主机文件在网络中发布，就可完成对主机的查找。而当互联网的规模越来越大时，这种发布主机文件的查找方法就不适用了。域名系统 DNS 的结构就逐渐形成，以代替原来的以文件为基础的主机查找。DNS 实现了一种分布式数据模型，形成了一种文件系统树，如图 5-1 所示。从体系结构上来说，域名系统 DNS 是一种分布式的、层次型的、客户机/服务器式的数据库管理系统。这种树型模型是分布式的，因为每个注册的域都将自己的数据库列表提供给整个系统，层次结构的最高端是域名树的根（通常用点号"."表示），提供根域名服务。根域名服务器具有指向第一层域的初始指针，也就是顶层域，如.com、.org、.mil 和.edu。另外，还有两百多个表示地理位置的顶层域名。这个列表仍在发展。顶层域名最初由互联网授权地址分配组 IANA 管理。后来，一些顶层域名被授权给一些组织，例如，互联网信息中心 Inter NIC。

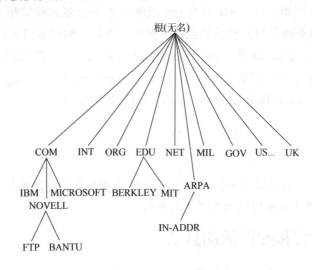

图5-1　树型结构是从根域开始的

在域名层次结构中，主机可以存在于根以下的各层上。因为域名树是层次型的而不是平面型的，所以要求主机名在每一个分支中必须是唯一的。例如，在一个公司中可以有若干个主机名为 www 的 web 服务器，前提是每台服务器必须在域名层次的不同分支上。如 www.xyz.com、www.corp.com 和 www.eng.com 都是有效的主机名，也就是说，即使这些主机有相同的名字，也都可以被正确地解析到唯一的主机。这种原则对于 FTP 节点、web 节点、域名服务器等都是适用的，即只要是在不同的子域，就可以重名。表 5-1 中给出了域名层次结构中的若干层。记忆 DNS 层次的最容易的方法是记住根域仅用"."表示。顶层域只含有一个名字，第二层域则含有两个名字等。根域名服务器和其他机构、团体的域名服务器的主要区别是根服务器包含指向所有已注册的顶层域的指针。第二层域是属于机构团体或地区的，用域名的最后一部分即域后缀来分类。例如，域名 microsoft.com 代表微软公司。多数域后缀可以反映使用这个域名的机构是什么性质的。

表 5-1 域名层次结构

域名	层次结构中的位置
.	层次结构中的位置
.net（.com、.cn）	顶层域名
.example.net	二级域名
.test.example.net	子域名，机构中一个部门的域名

注意，实际上，和根域相比，第一层域实际是第二层域，但它们还是称为顶层域或 TLD（Top Level Domain）。根域从技术的含义上是一个域，但常常不被当作是一个域。根域所有的很少几个根级成员只是为了支持域名树和它的功能。但机构的类型并不总是可以很容易地通过域后缀来确定。例如，对于.net 域和.org 域就不像.com 域那样清晰。本来，.net 域是打算为 ISP（互联网服务提供商）和其他互联网机构所用的，但很多研究机构或课题组也用这个域，如 handle.net 和 giga.net 等。.org 域原来是为非赢利或政府资助的研究组织所使用的，但它也被一些政府机关如高性能计算中心（High Performance Computing Center:hpc.org）、集成技术办公室（Integration Technology Office:ito.org）等所使用。

在本项目的实训内容中以 Windows Server 2003 为例来学习网络操作系统的配置与管理，其他 Windows 网络操作系统可以此参照进行配置。

实训 1 安装和配置活动目录

Windows Server 2003 系统中附带了 AD（Active Directory，活动目录）的安装向导，可以在它的帮助下，快速将一台普通服务器设置为域控制器，并且可以在没有连接到网络时预先设置 DNS 服务。过程如下。

1）执行"开始"→"程序"→"管理工具"→"管理你的服务器"命令，弹出"管理你的服务器"对话框，如图 5-2 所示。

2）单击"添加或删除角色"后，将出现服务器配置向导界面，如图 5-3 所示。

3）单击"下一步"按钮后，将出现"配置你的服务器向导"界面，如图 5-4 所示。

4）稍待片刻后，将出现"配置选项"界面，单击"自定义配置"及"下一步"按钮继续，如图 5-5 所示。

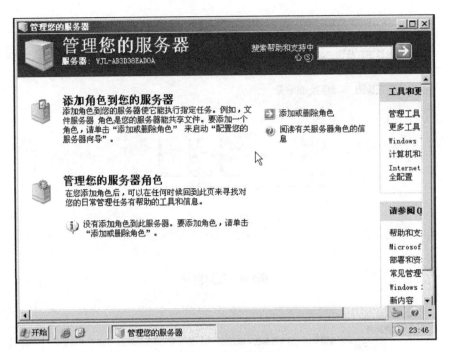

图5-2　管理服务器

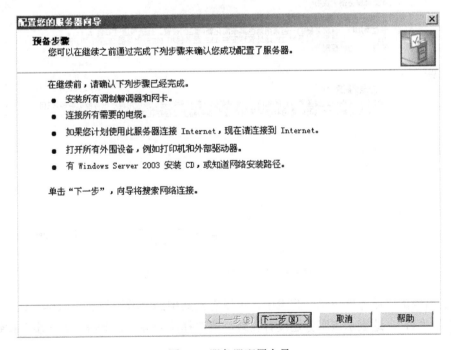

图5-3　服务器配置向导

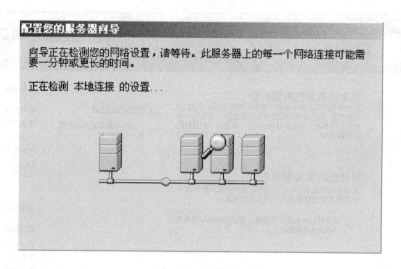

图5-4　配置向导

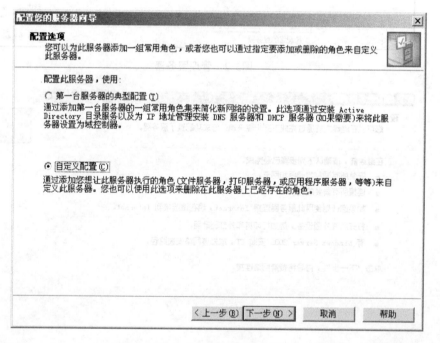

图5-5　单击"自定义配置"按钮

5）在出现的"服务器角色"列表中，可以看到其中的"域控制器（Active Directory）"项的后面是"否"，这表示该服务还没有安装，请选择该服务，并单击"下一步"按钮继续，如图5-6所示。

6）弹出一个欢迎对话框，表明下面将运行 Active Directory 安装向导来将此服务器设置为域服务器，这里可以直接单击"下一步"按钮，进入 Active Directory 安装向导界面，如

图 5-7 所示。

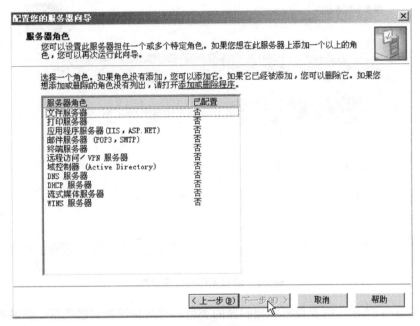

图5-6　选择域控制器

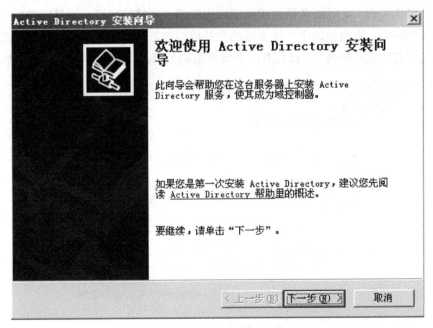

图5-7　活动目录安装向导

这时，可以从对话框中了解一些有关活动目录的安装要点与注意事项。接着单击"下一步"按钮进入"操作系统兼容性"提示界面中，如图 5-8 所示。

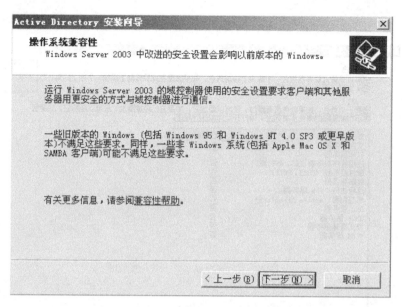

图5-8　测试操作系统兼容性

7）如图 5-9 所示，需要设置域控制器的类型。有两种域控制器类型：新域的域控制器和现有域的额外域控制器。请注意，如果网络中没有现有的域控制器，则应该选中"新域的域控制器"单选按钮，此时服务器将成为新域中的第一个域控制器；如果网络中已经有了一个或多个域控制器，则应该选中"现有域的额外域控制器"单选按钮，这样服务器将以域的形式加入到现有的域控制器中。以只有一个域控制器为例，采用前一种方式来安装域控制器。

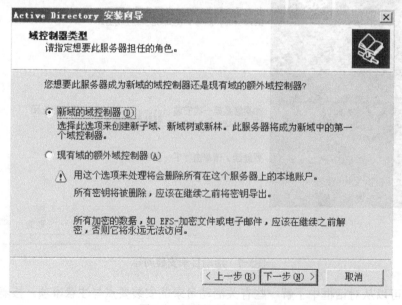

图5-9　新域控制器安装

8）确定创建的一个新域的类型，这里选中"在新林中的域"单选按钮，然后单击"下一步"按钮继续，如图5-10所示。

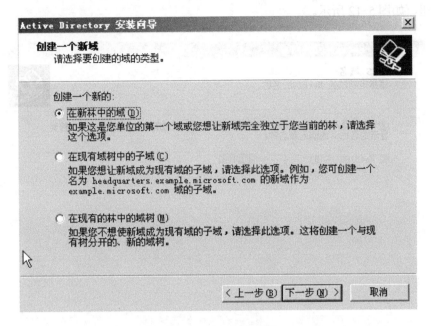

图5-10 选择域的类型

9）进入"新的域名"设置界面，在此输入新域的域名，然后单击"下一步"按钮，如图5-11所示。

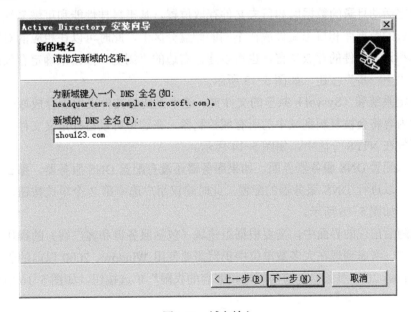

图5-11 域名输入

10）在出现的"NetBIOS 域名"设置界面中，由于早期的 Windows 用户是采用 NetBIOS 域名来标识域的，所以为了向下兼容，在这里可以命名一个 NetBIOS 域名，输入后单击"下一步"按钮，如图 5-12 所示。

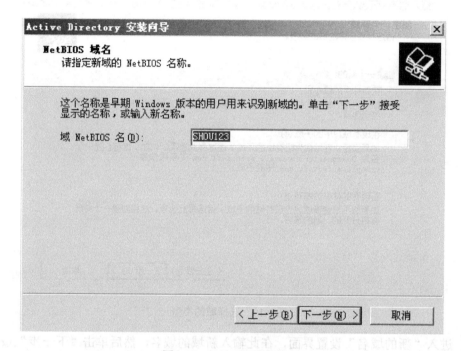

图5-12　NetBIOS域名输入

11）指定活动目录的数据库和日志文件存放位置。基于最佳性能和可恢复性的考虑，最好将活动目录的数据库和日志文件放在不同的硬盘分区上，此时可以在相应的对话框中分别输入数据库和日志文件的存放位置，也可以通过右边的"浏览"按钮来确定存放的位置。然后继续单击"下一步"按钮，如图 5-13 所示。

12）指定系统卷（Sysvol）共享的文件夹。这个系统卷文件夹用于存放域的公用文件副本，其中的内容将会被复制到域中的所有域控制器。在这里可以自行定义文件夹的位置，不过要求必须放在 NTFS 分区中，如图 5-14 所示。

13）进入配置 DNS 服务器界面，如果服务器还没有配置 DNS 服务器，那么在安装活动目录的同时可以进行 DNS 服务器的配置。此时建议用户选中第 2 个单选按钮，以免对其进行重新配置，如图 5-15 所示。

14）在随后出现的界面中，需要根据组建域（包括服务器和客户端）的操作系统类型来选择相关选项。考虑到现在大多数单位中仍然需要使用 Windows 2000 以前的版本，所以选中"与 Windows 2000 服务器之前的版本相兼容的权限"单选按钮，如图 5-16 所示。

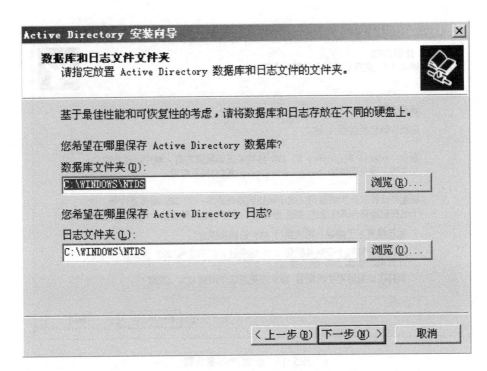

图5-13　设置文件存放路径

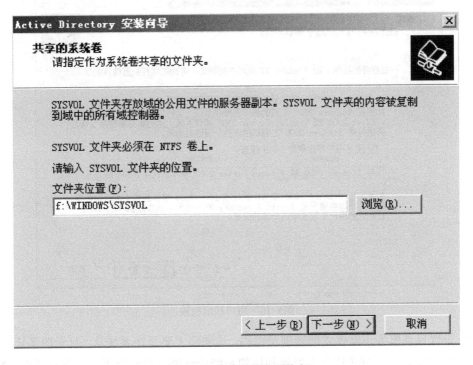

图5-14　指定系统卷文件夹

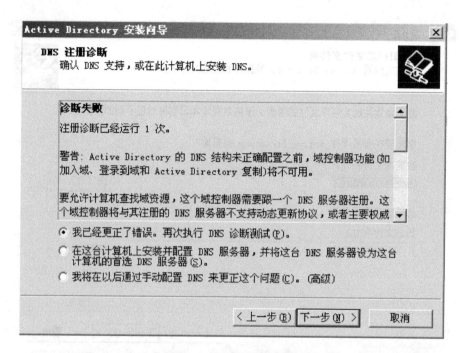

图5-15　配置DNS服务器

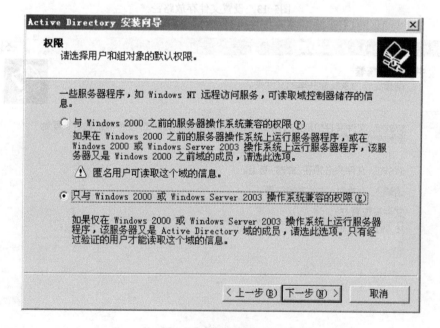

图5-16　用户和组权限

15）设置目录服务还原模式的管理员密码，该密码主要是在系统从"目录服务还原模式"下启动时使用的，它与登录服务器时所使用的系统管理员账号有所不同。在对话框中输入两个完全一致的密码后继续，如图 5-17 所示。

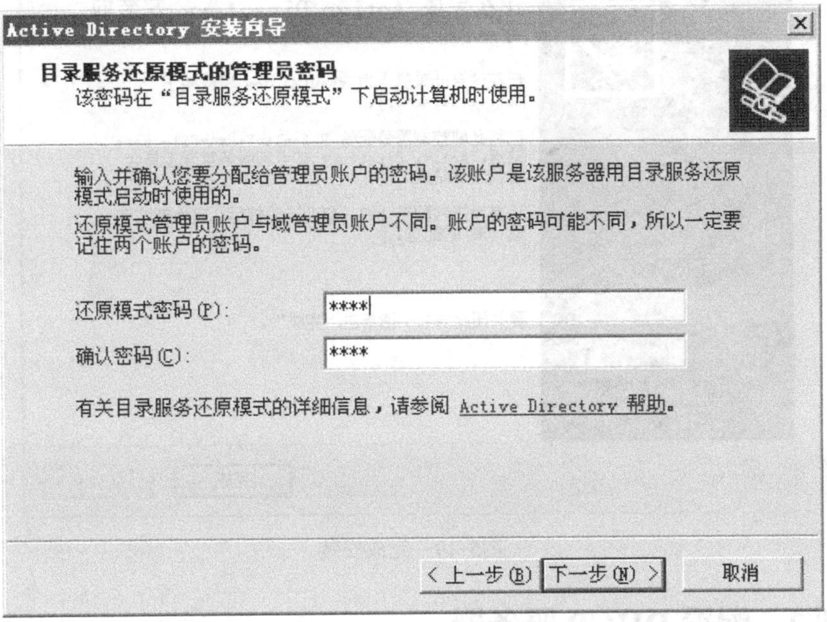

图5-17　管理员密码

在摘要对话框中，系统会把前面所有的设置项目内容逐一列表显示出来，检查无误之后即可进入 Windows Server 2003 系统对活动目录的配置过程，根据当前硬件配置的高低不等，这个过程可能会需要花费 10min 左右的时间，所以请耐心等待，如图 5-18 所示。

图5-18　配置活动目录

16）配置过程结束后，会弹出活动目录已经安装配置完成的提示。最后，根据系统提示重新启动计算机，这样就完成了活动目录的整个安装配置过程，如图 5-19 所示。

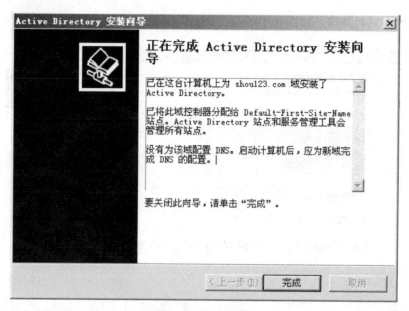

图5-19　完成安装

实训 2　配置 DHCP 服务器

本实训内容是安装并配置 1 台 Windows Server 2003 计算机成为 DHCP 服务器。操作前要注意，DHCP 服务器自身必须采用固定的 IP 地址和规划 DHCP 服务器的可用 IP 地址。在这里可以自己定义一个静态的 IP 地址。

1）执行"开始菜单→程序→管理工具→DHCP"命令，打开 DHCP 管理器，如图 5-20 所示。

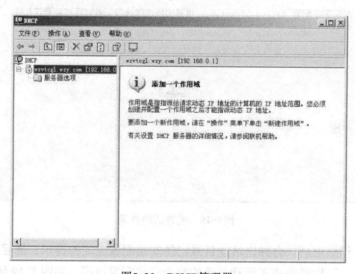

图5-20　DHCP管理器

2）如果列表中还没有任何服务器，则需添加 DHCP 服务器。在窗口中的节点“DHCP”上单击鼠标右键，在弹出的快捷菜单中选择“添加服务器”命令，然后直接输入服务器名或者 IP 地址即可。

3）打开“作用域名”对话框。选中“wzvtcgl.wzy.com”，单击鼠标右键，在弹出的快捷菜单中选择“新建作用域”命令，输入作用域的名称。此处的“名称”只是作提示用，可填写任意内容，如图 5-21 所示。

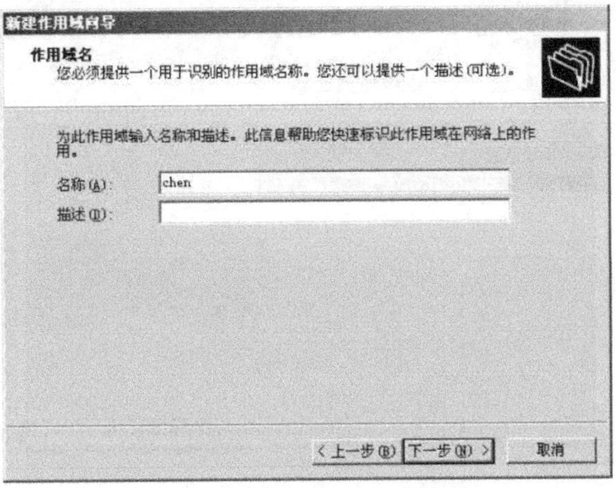

图5-21 “作用域名”对话框

4）单击“下一步”按钮，在弹出的“IP 地址范围”对话框中设置可分配的 IP 地址范围。比如可分配的地址范围是 192.168.0.1～192.168.0.254，就分别在“起始 IP 地址”和“结束 IP 地址”文本框中填写相应的 IP 地址。为了让 DHCP 服务器能够与从本机获取 IP 地址的客户机更好地通信，要使作用域的 IP 地址与本地计算机的 IP 地址同属于一个子网，如图 5-22 所示。

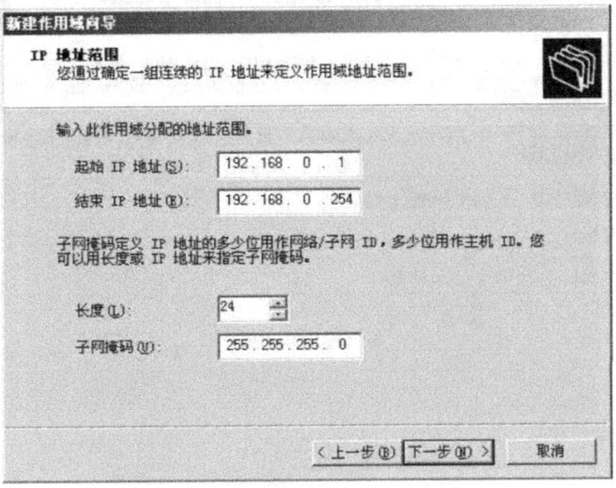

图5-22 “IP地址范围”对话框

5）单击"下一步"按钮后，在"添加排除"对话框中输入需要排除的地址。如果有必要，则可在下面的选项中输入欲保留的 IP 地址或者其他不能分配给客户机的 IP 地址范围；否则直接单击"下一步"按钮，如图 5-23 所示。

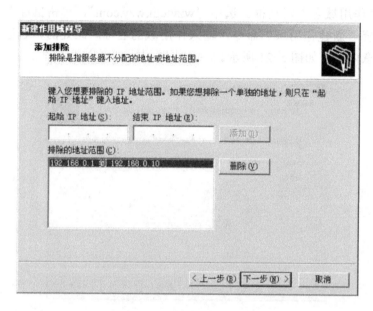

图5-23 "添加排除"对话框

6）在"租约期限"对话框中可设定 DHCP 服务器所分配的 IP 地址的有效期（默认为 8 天），可以设一年，即 365 天，如图 5-24 所示。

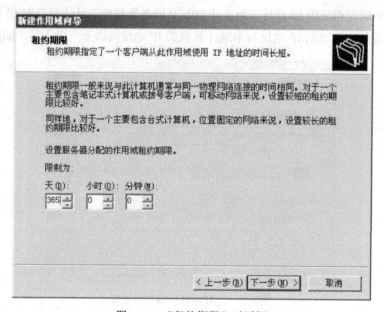

图5-24 "租约期限"对话框

7）单击"下一步"按钮，配置 DHCP 选项，选中"是，我想现在配置这些选项"单选按钮以继续配置分配给客户机的默认网关、默认的 DNS 服务器地址及 WINS 服务器地址，如图 5-25 所示。

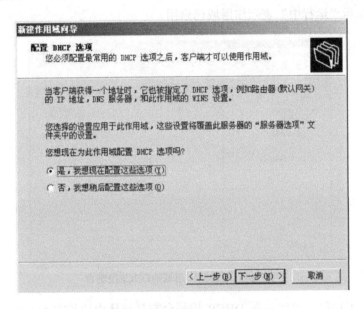

图5-25 "配置DHCP选项"对话框

8）单击"下一步"按钮，输入默认网关 IP 地址，然后再输入域名称和 DNS 服务器的 IP 地址及 WINS 服务器的地址，如图 5-26 所示。

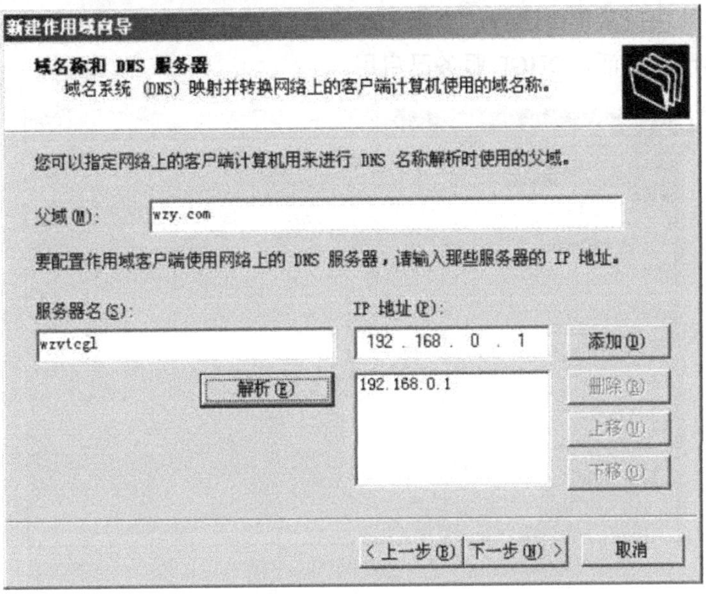

图5-26 "域名称和DNS服务器"对话框

9）根据提示选中"是，我想激活作用域"单选按钮，再单击"完成"按钮即可结束最后设置。

10）在 DHCP 控制台中出现新添加的作用域，如图 5-27 所示。DHCP 控制台右侧窗体中的状态条中显示"运行中"表示作用域已启用。

图5-27　配置的作用域的DHCP控制台

11）如果在添加作用域后，在 DHCP 控制台右侧窗体中的状态条中显示"未经授权"，如图 5-28 所示，则表示作用域所在的服务器未经授权，这时服务器图标上是一个红色向下的图标，需要对服务器授权后才能启动；可先选中"wzvtcgl.wzy.com"，单击鼠标右键，在弹出的快捷菜单中选择"授权"命令，授权需要一定的时间。然后在 DHCP 控制台中单击鼠标右键，在弹出的快捷菜单中选择"刷新"命令，当服务器图标上显示一个绿色向上的箭头时，表示服务器已被激活，DHCP 服务已启用。

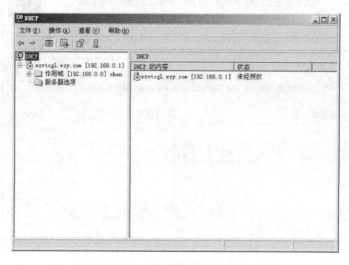

图5-28　未经授权的DHCP作用域

12）如果用户想保留特定的 IP 地址给指定的客户机，以便这些客户机在每次启动时都获得相同的 IP 地址，则可以在"DHCP 控制台"窗体的左侧窗格中的作用域中的保留项上单击鼠标右键，在弹出的快捷菜单中选择"新建保留"命令，在出现的"新建保留"对话框中输入要保留的 IP 地址及 MAC 地址。IP 地址保留给哪一台计算机，MAC 地址就是这台计算机的网卡物理地址。可以通过"ipconfig/all"命令来查看。如果 MAC 地址未满 12 个字符，则在输入时前面补 0。然后在"名称"文本框中输入客户机名称。注意，此名称只是一般的说明文字，并不是用户账号的名称，但此处不能为空白。如果需要则可以在"注释"文本框内输入一些描述此客户的说明性文字，如图 5-29 所示。

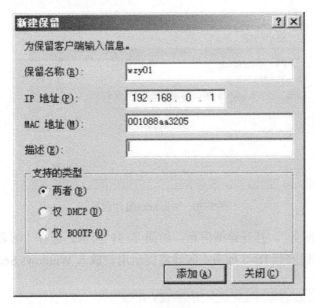

图5-29　保留地址

13）设置 DHCP 客户端。

DHCP 服务器安装设置完成后，客户机就可以开始启用 DHCP 功能，以安装 Windows 2000 Professional 操作系统的计算机为例，只需要在"Internet 协议（TCP/IP）属性"中选择"自动获得 IP 地址"和"自动获得 DNS 服务器地址"即可。完成设置，这时如果查看客户机的 IP 地址，只要在客户端计算机上打开命令提示符，执行"ipconfig/all"命令，就会发现相关配置信息来自于 DHCP 服务器预留的 IP 地址空间。客户端计算机并不需要必须设置登录到本域，也能使用 DHCP 服务。使用 DHCP，可以实现动态 IP 地址分配，可以提高 IP 地址的利用率，方便管理员的维护，方便用户的网络配置。

◑ 实训 3　配置 DNS 服务器

本实训内容是在 Windows Server 2003 操作系统下安装和配置 DNS 服务。

1）在安装 Windows Server 2003 操作系统的计算机上单击"开始"菜单，选择并打开"控制面板"，双击"添加或删除程序"，在弹出的窗口中单击"添加或删除 Windows 组件"，显示如图 5-30 所示的窗口。

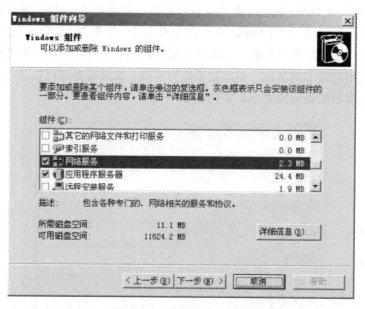

图5-30　Windows组件向导

2）选择"网络服务"，打开详细信息，如图 5-31 所示。选择"域名系统（DNS）复选框，单击"确定"按钮安装 DNS 服务。向导将提示用户放入 Windows Server 2003 安装光盘。

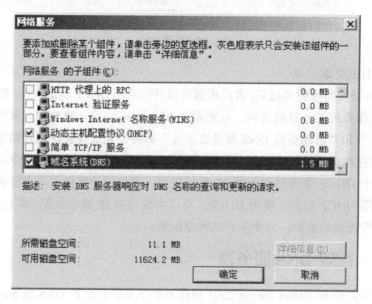

图5-31　网络服务选择

3）启动 DNS 管理器，配置域名服务器。安装好 DNS 服务后，执行"开始"→"管理工具"→"DNS"命令，在弹出的域名服务管理器的主窗口（见图5-32）中，在正向查找区域上单击鼠标右键，在弹出的快捷菜单中选择"新建区域"命令。

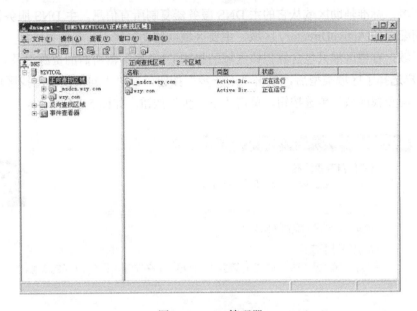

图5-32　DNS管理器

4）创建区域名称。当"新建区域向导"启动后，单击"下一步"按钮。接着将提示用户选择区域类型，如图 5-33 所示。

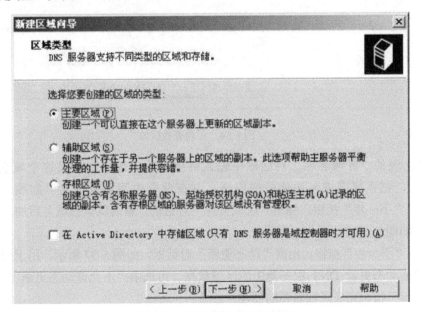

图5-33　"区域类型"对话框

可选择的区域类型如下。

主要区域：创建可以直接在此服务器上更新的区域的副本。此区域信息存储在一个.dns文本文件中。

辅助区域：标准辅助区域从它的主 DNS 服务器复制所有信息。主 DNS 服务器可以是为区域复制而配置的 ActiveDirectory 区域、主要区域或辅助区域。

存根区域：存根区域只包含标识该区域的权威 DNS 服务器所需的资源记录。

5）用户选择了区域类型后，单击"下一步"按钮，在"正向或反向查找区域"对话框中选中"正向查找区域"单选按钮，单击"下一步"按钮，如图 5-34 所示。

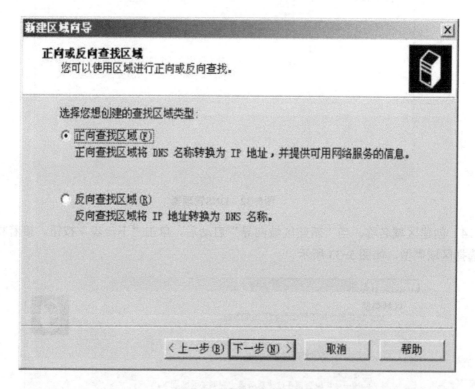

图5-34　正向查找区域

6）在出现的"区域名称"对话框中输入需要解析的域名，如果这个域名能够在互联网上解析，则需要向域名注册机构申请，并在此框中写入此域名。如图 5-35 所示。

7）单击"下一步"按钮，弹出"区域文件"对话框，系统默认在域名后加上".dns"作为文件名，如图 5-36 所示。

8）单击"下一步"按钮，出现"动态更新"对话框，如图 5-37 所示。用于设置 DNS 客户机是否能够动态更新 DNS 服务器中的区域数据。可选中"不允许动态更新"单选按钮，单击"下一步"按钮完成区域名称的创建。

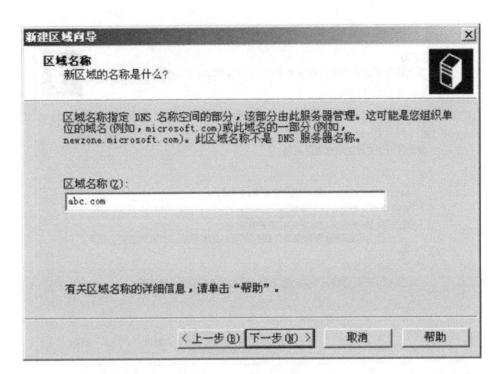

图5-35　"区域名称"对话框

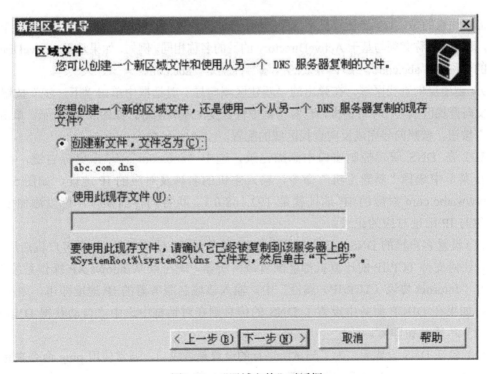

图5-36　"区域文件"对话框

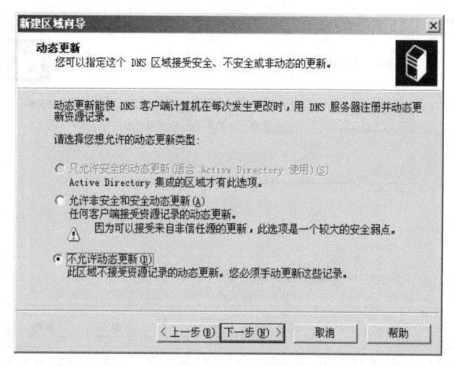

图5-37 "动态更新"对话框

需要注意的是，如果该计算机是域控制器，新的正向搜索区域选择 ActiveDirectory 集成的区域，则区域名称必须与基于 ActiveDirectory 的域的名称相同。例如，如果基于 ActiveDirectory 的域的名称为"abc.com"，那么有效的区域名称就是"abc.com"。

9）创建反向查找区域。在弹出的"新建区域向导"对话框中单击"下一步"按钮，打开"反向查找区域名称"对话框，在对话框中输入反向域名名称，如图 5-38 所示。单击"下一步"按钮，按照向导完成反向查找区域的配置。

10）在 DNS 管理控制窗口中添加记录，选中"abc.com"，单击鼠标右键，在弹出的快捷菜单中选择"新建主机"命令，输入主机的名称及对应的 IP 地址，如图 5-39 所示。www.abc.com 对应的 IP 地址就是 192.168.0.1。执行同样的操作，可以添加多台主机名称与 IP 地址对应的记录。

11）设置客户机的 DNS。在成功安装 DNS 服务器后，就可以在 DNS 客户机启用 DNS 服务，任何支持 TCP/IP 的计算机都能配置成解析器，现在以 Windows XP 操作系统为例。只要在"Internet 协议（TCP/IP）属性"中，输入该域名服务器的 IP 地址即可，如图 5-40 所示。如果在 DHCP 服务中设置了 DNS 的信息则在对话框中选中"自动获得 DNS 服务器地址"单选按钮即可。

12）验证 DNS 设置后。为了测试所进行的设置是否成功，通常使用 ping 命令来完成，格式如"ping www.abc.com"。成功的测试如图 5-41 所示。

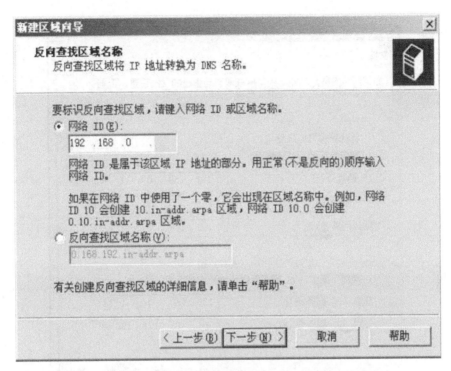

图5-38　"反向查找区域名称"对话框

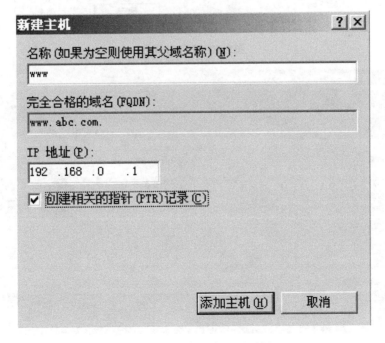

图5-39　"新建主机"对话框

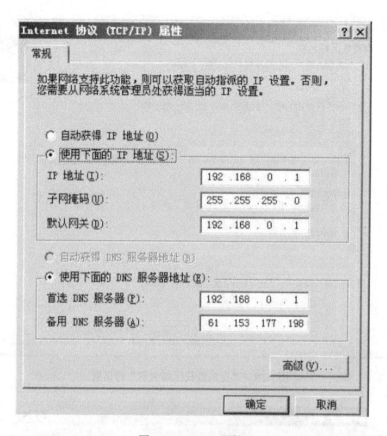

图5-40 TCP/IP属性

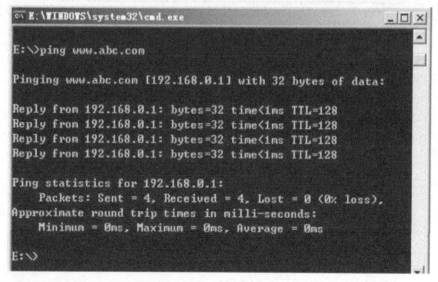

图5-41 ping命令测试

实训 4　配置 FTP 服务器

本实训内容是配置和管理 Windows Server 2003 中的 FTP 服务器。

操作前要注意，服务器本身必须采用固定的 IP 地址，这里可以自己定义一个静态的 IP 地址。

1. 安装并运行 IIS

在 Windows Serve 2003 下的 IIS 安装可以有三种方式：传统的"添加或删除程序"的"添加/删除 Windows 组件"方式、利用"管理您的服务器"向导和采用无人值守的智能安装。采用熟悉的在控制面板里安装的方式，比起其他方式要灵活一些。

1）在控制面板里选择"添加或删除程序"的"添加/删除 Windows 组件"，在 Windows 组件向导上，选择"应用程序服务器"打开"应用程序服务器"对话框，如图 5-42 所示。单击"详细信息"按钮，显示应用程序服务器选项界面。

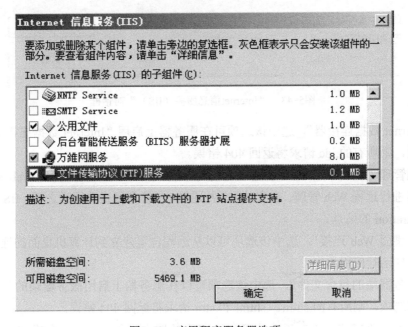

图5-42　应用程序服务器选项

2）双击"Internet 信息服务（IIS）"，在出现的"Internet 信息服务（IIS）"对话框中，选择"万维网服务"复选框，若要安装 FTP 服务，则选择"文件传输协议（FTP）服务"复选框，单击"确定"按钮即完成安装，如图 5-43 所示。

万维网服务包括下列子组件。

"ActiveServerPages"，选中该选项可在服务器上启用 ASP。如果不选中该选项，则所有的.asp 请求将返回 404 错误。

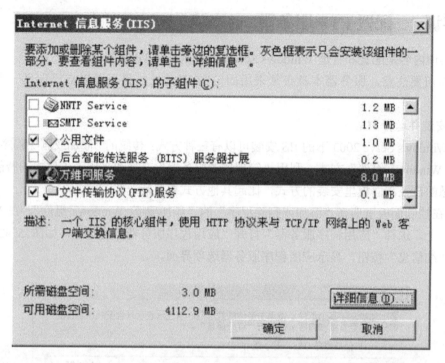

图5-43 "Internet信息服务（IIS）"对话框

"Internet 数据连接器"，选中该选项可在服务器上启用"Internet 数据连接器"。如果不选中该选项，则所有的.idc 请求将返回 404 错误。

"远程管理（HTML）"，选中该选项可使用户能够从 Intranet 上的任何 Web 浏览器对 IIS Web 服务器进行远程 Web 管理。在安装 IIS 并通过 IIS 管理器查看网站之后，IIS 创建一个名为 Administration 的站点。

"远程桌面 Web 连接"，选中该选项可以从远程位置建立到计算机桌面的连接并且像在控制台上那样运行应用程序。

"在服务器端的包含文件"，选中该选项可以在服务器上启用服务器端的包含文件。如果不选中该选项，则所有的.shtm、.shtml 和.stm 请求将返回 404 错误。

"WebDAV 发布"，选中该选项可允许在服务器上进行 Web 分布式创作和版本控制（WebDAV）。WebDAV 与文件传输协议类似，唯一的例外是，WebDAV 允许任何 WebDAV 客户端使用 HTTP 发布和更改 WebDAV 目录中的内容。

"网站管理"，选中该选项可安装互联网发布服务。如果不选中该选项，则 IIS 不在服务器上运行。

3）系统安装组件完成后，执行"开始"→"程序"→"管理工具"命令，可以看到程序组中会添加一项"Internet 信息服务管理器"，此时服务器的 WWW、FTP 等服务会自动启动。如果在设置好 Windows 2003 Server 服务器之后，WWW、FTP 等服务仍不可用，一般是与 Windows 2003 Server 自身的防火墙设置有关，必须在"网络属性"→"高级"中，设置防火墙允许用户访问本机的 WWW 服务、FTP 服务等。

2．FTP 站点的配置

1）执行"开始"→"管理工具" →"Internet 信息服务（IIS）管理器"命令，打开 IIS 管理器。

2）在 IIS 管理器中的"FTP 站点"上单击鼠标右键，在弹出的快捷菜单中，选择"新建"→"FTP 站点"命令，打开 FTP 站点创建向导。

3）单击"下一步"按钮。在弹出的"描述"对话框中，输入为该 FTP 站点选择的名称。

4）再单击"下一步"按钮，弹出"IP 地址和端口设置"对话框，在"输入此 FTP 站点使用的 IP 地址"下拉列表中，为该站点选定某个特定的 IP 地址，这个 IP 地址应该选择有效的。如果不能确定，则也可以选择"全部未分配"，这样系统将会使用所有有效的 IP 地址作为 FTP 服务器的地址。同时 FTP 服务器对外开放服务的端口也是在此进行设置的，默认情况下为 21，如图 5-44 所示。

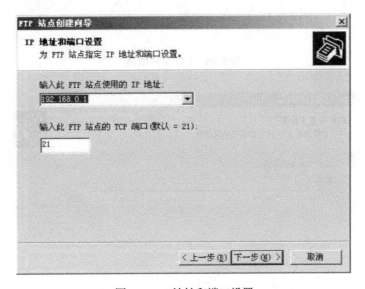

图5-44　IP地址和端口设置

5）设置 FTP 用户隔离。在这里如果选择不隔离用户那么用户可以访问其他用户的 FTP 主目录，选择隔离用户则用户之间是无法互相访问目录资源的，用 AD 隔离用户主要用于公司网络使用 AD 的情况。为了安全需要，这里建议选中"隔离用户"单选按钮，如图 5-45 所示。

6）单击"下一步"按钮，设置 FTP 站点的主目录。系统默认的主目录是系统所在硬盘分区下 inetpub 目录中的 ftproot 文件夹。这里可以根据用户的需要进行修改，如图 5-46 所示。

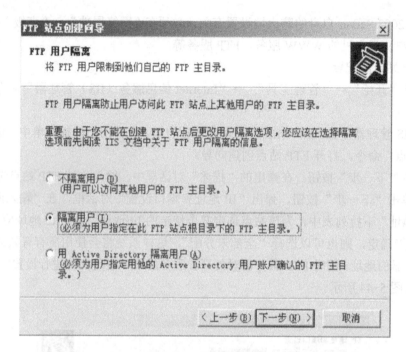

图5-45　FTP用户隔离

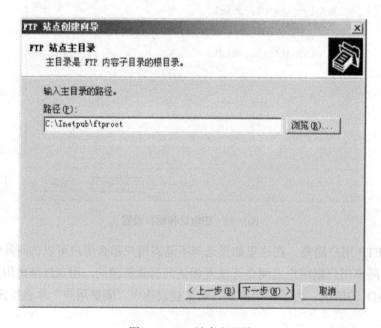

图5-46　FTP站点主目录

7）设置用户访问权限，只有"读取"和"写入"两种权限可进行设置，如图 5-47 所示。如果站点只允许登录的用户下载文件，可选择"读取"复选框；如果允许用户可以下载文件也可以上传文件，则需要同时选择"读取"和"写入"对话框。在应用中，可以根据实际进行设定即可。

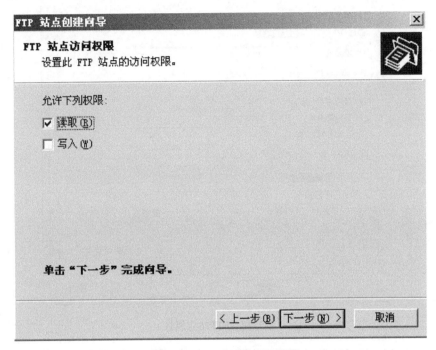

图5-47　FTP站点访问权限

8）单击"下一步"按钮，即可完成 FTP 站点的全部设置工作。

对于建立好的 FTP 服务器，如果采用匿名访问，则只需要在浏览器的地址栏输入如"ftp://IP 地址或域名"即可，如 FTP://192.168.0.1 或者 FTP://www.abc.com；如果匿名用户被允许登录，则这种方式可以直接进入 FTP 站点；如果匿名不被允许，则会弹出选项窗口，要求输入用户名和密码。也可以直接通过 FTP 站点提供的用户名进行登录访问，只需在浏览器的地址栏输入如"ftp://用户名：密码@IP 地址或域名"，这种访问方式对用户来讲，与访问本地计算机硬盘上的文件夹一样，操作非常方便。

3．FTP 站点的管理

为了使 FTP 站点能够正常工作，还需要对 FTP 的资源和用户进行有效的管理，这就依赖于对站点的合理配置。FTP 站点的属性配置是在 FTP 站点属性设置对话框中进行的，如图 5-48 所示。

对 FTP 站点属性的常见配置方法如下。

1）打开 IIS 管理器，在管理控制树中的 FTP 站点图标上单击鼠标右键，在弹出的快捷菜单中选择"属性"命令。

2）在"FTP 站点"选项卡中可以配置 FTP 站点属性，包括标识、连接、日志等，主要参数配置如下。

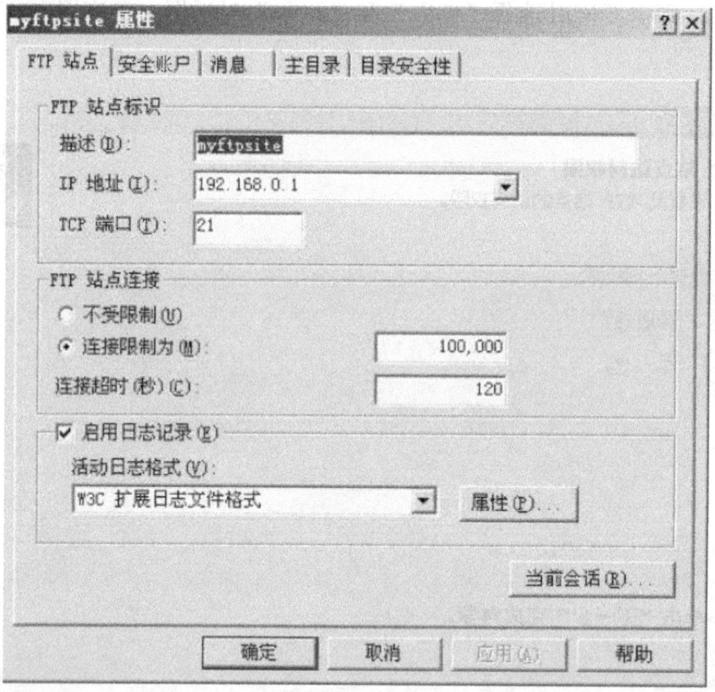

图5-48　FTP站点属性

FTP 站点标识。包括站点说明、IP 地址和 TCP 端口号三项。其中站点说明是在创建站点时指定的，用于在 IIS 内部识别站点，并无其他用途，与站点的 DNS 域名也无任何关系。FTP 服务的默认 TCP 端口号为 21。由于 FTP 服务不支持主机标头（HostHeader），所以不能以主机头方式配置虚拟服务器。也就是说，在网络中区分 FTP 站点的唯一性标识只有 IP 地址和端口号，不过可以通过 DNS 配置域名进行访问。

FTP 站点连接。FTP 站点的连接限制与 Web 站点的连接限制几乎完全相同。连接限制用于维护站点的可用性并改善站点的连接性能。这一点对 FTP 站点来说尤为重要，因为几乎每个连接到站点的用户都会进行文件下载，下载对带宽的占用是非常巨大的。在"FTP 站点连接"选项组中选中"连接限制为"单选按钮并制定同时连接到该站点的最大并发连接数，默认限制为同时 100 000 个连接。

在"连接超时"文本框中，可以指定站点将在多长时间后断开无响应用户的连接。默认值设为 900s，即用户在 15min 内没有做任何操作，将被 IIS 断开连接。

日志。对于 FTP 站点而言，也可以配置其启用日志功能，使用户对站点的全部访问都记录在日志文件中。在"FTP 站点"选项卡中选择"启用日志记录"复选框，对于 FTP 站点，只有三种可用的日志文件格式可用，即 Microsoft IIS 文件格式、ODBC 格式和 W3C 扩展文件格式，在"活动日志格式"下拉列表框中可以指定。

当前会话。FTP 站点属性对话框中有一个独特的选项，单击"当前用户"按钮，打开"FTP

用户会话"对话框，如图 5-49 所示。该对话框中列出当前连接到 FTP 站点的用户列表。从列表中选择用户，单击"断开"按钮可以断开当前用户的连接，单击"全部断开"按钮可以使全部的当前用户从系统断开。"FTP 用户会话"对话框为站点管理员提供了更灵活的管理方式和控制方式，使管理员能够实时控制当前用户的连接状态。

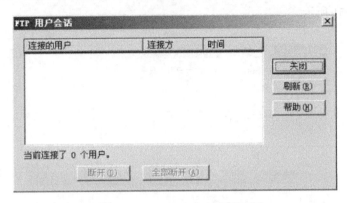

图5-49　"FTP用户会话"对话框

3）通过"安全账户"选项卡可以分配 FTP 站点操作员。所谓 FTP 站点操作员是指具有对站点进行全方位操作、维护能力的站点管理员。默认的站点管理员是 Windows Server 2003 系统管理员组的全体成员。在实际工作中，出于安全性、内容维护和其他考虑通常需要重新指定站点管理员，如图 5-50 所示。

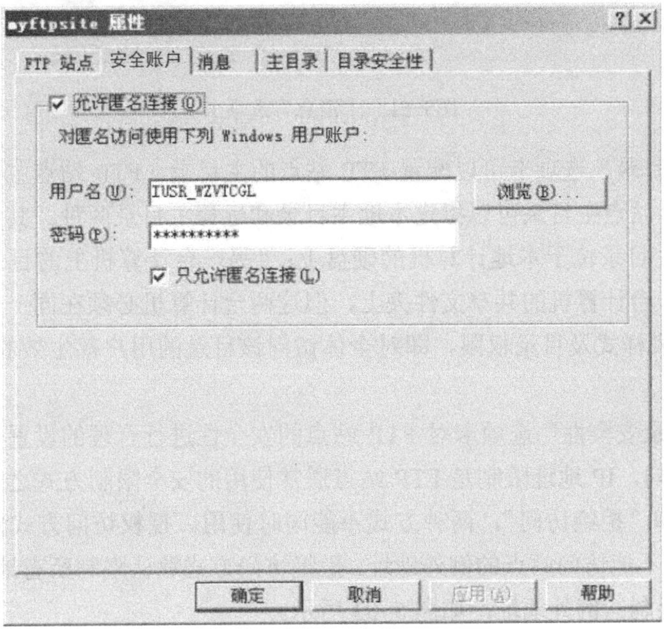

图5-50　"安全账户"选项卡

4）通过"消息"选项卡可以设置 FTP 站点相关信息。用户在连入 FTP 站点时，应该得到对站点的相关介绍，对于不能像 WWW 服务一样提供丰富信息的 FTP 站点来说，这样的介绍尤为重要。此外，在用户离开站点时，以及因站点达到最大连接数而不能接受用户的访问请求时，都应该得到相应的提示信息。这些提示性、解说性的简要信息就是 FTP 服务的站点消息，如图 5-51 所示。

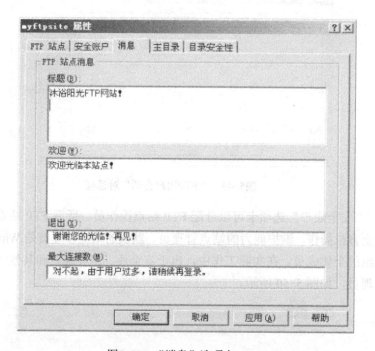

图5-51 "消息"选项卡

5）通过"主目录"选项卡可以配置 FTP 站点的主目录。FTP 站点主目录是供站点存储文件的目录。FTP 站点主目录可以指定本地主目录和远程主目录两种。其中"此计算机上的目录"是指站点主目录位于本地计算机的硬盘上；"另一台计算机上的目录"是将主目录设置为网络中的另一台计算机的共享文件夹上，但这两台计算机必须在同一个域。还可以配置 FTP 站点目录列表样式及目录权限，即对全体访问该目录的用户都生效的权限，如图 5-52 所示。

6）通过"目录安全性"选项卡对 FTP 站点的安全性进行合理的设置。主要是采用限制特殊 IP 地址的访问，IP 地址限制是 FTP 站点通常使用的安全限制方式之一，有两种方式，即"授权访问"和"拒绝访问"，两种方式不能同时使用。授权访问方式允许默认用户访问站点，但可以指定不能访问站点的例外地址；拒绝访问方式默认限制所有地址对站点的访问，但可以指定不受限制的例外地址，如图 5-53 所示。

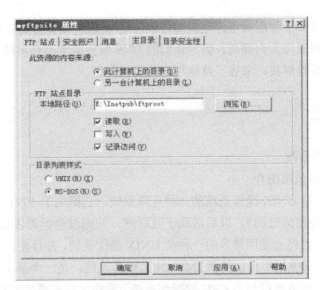

图5-52 "主目录"选项卡

图5-53 "目录安全性"选项卡

公司网络内部的服务器已经基本配置完成了，由于配置了 DHCP 服务，使得每个终端用户的配置变得特别简单，管理维护人员也不必思索该为终端配置什么地址，通过 FTP 的配置和部署，使得文件资料的共享更加容易，各种公用的安装文件也可以放在 FTP 中供终端用户

下载使用，这样也省去了管理员不停地发邮件或使用 U 盘传输数据的麻烦。但 DNS 的设置也使得内网用户上网速度大为提高，因为他们的 DNS 服务请求不必再传递到外网进行解析，而是通过统一的服务器解决，节省了终端用户的上网花销。

巩固提高

Linux 网络操作系统

（1）Linux 操作系统简介

Linux 操作系统是 UNIX 操作系统的一种克隆系统，它诞生于 1991 年的 10 月 5 日（这是第一次正式向外公布的时间）。以后借助于互联网，并通过全世界各地计算机爱好者的共同努力，已成为今天世界上使用最多的一种类 UNIX 操作系统，并且使用人数还在迅猛增长。

Linux 是一套免费使用和自由传播的类 UNIX 操作系统，是一个基于 POSIX 和 UNIX 的多用户、多任务、支持多线程和多 CPU 的操作系统。它能运行主要的 UNIX 工具软件、应用程序和网络协议，支持 32 位和 64 位硬件。Linux 继承了 UNIX 以网络为核心的设计思想，是一个性能稳定的多用户网络操作系统。它主要用于基于 Intel X86 系列 CPU 的计算机上。这个系统是由全世界各地的成千上万的程序员设计和实现的。其目的是建立不受任何商品化软件的版权制约的、全世界都能自由使用的 UNIX 兼容产品。

Linux 操作系统以其高效性和灵活性著称，其模块化的设计结构，使得它既能在价格昂贵的工作站上运行，也能够在廉价的 PC 上实现全部的 UNIX 特性，具有多任务、多用户的能力。Linux 操作系统是在 GNU 公共许可权限下免费获得的，是一个符合 POSIX 标准的操作系统。Linux 操作系统软件包不仅包括完整的 Linux 操作系统，而且还包括了文本编辑器、高级语言编译器等应用软件。它还包括带有多个窗口管理器的 X Windows 图形用户界面，如同 Windows NT 一样，允许使用窗口、图标和菜单对系统进行操作。

（2）文件系统管理

Linux 文件系统的组织方式称作 FHS（Filesystem Hierarchy Standard，文件系统分层标准），即采用层次式的树状目录结构。在此结构的最上层是根目录"/"（斜杠），在此根目录下是其他的目录和子目录。

Linux 操作系统与 DOS 及 Windows 操作系统一样，采用"路径"来表示文件或目录在文件系统中所处的层次。路径由以"/"为分隔符的多个目录名字符串组成，分为绝对路径和相对路径。所谓绝对路径是指由根目录"/"为起点来表示系统中某个文件或目录的位置的方法。例如，如果用绝对路径表示第 4 层目录中的 bin 目录，应为"/usr/local/bin"。相对路径则是以当前目录为起点，表示系统中某个文件或目录在文件系统中的位置的方法。若当前工作目录是"/home"，则用相对路径表示第 4 层目录中的 bin 目录，应为"hls/bin"或"./hls/bin"，其中"./"表示当前目录，通常可以省略。

Linux 文件系统的组织与 Windows 操作系统不同。对于在 Linux 操作系统下使用的设备，不需要像 Windows 操作系统那样创建驱动器盘符，Linux 操作系统会将包括本地硬盘、网络文件系统、CD-ROM 和 U 盘等所有设备识别为设备文件，并嵌入到 Linux 文件系统中进行管理。一个设备文件不占用文件系统的任何空间，仅仅是访问某个设备驱动程序的入口。Linux 操作系统中有两类特殊文件，即面向字符的特殊文件和面向块（Block）的特殊文件。前者允许 I/O 操作以字符的形式进行，而后者通过内存缓冲区来使数据的读写操作以数据块的方式实现。当对设备文件进行 I/O 操作时，该操作会被转给相应的设备驱动程序。一个设备文件是用主设备号（指出设备类型）和从设备号（指出是该类型中的第几个设备）来表示的，可以通过 mknod 命令进行创建。

（3）用户管理

Linux 操作系统是一个多用户多任务的分时操作系统，任何一个要使用系统资源的用户，都必须首先向系统管理员申请一个账号，然后以这个账号的身份进入系统。用户的账号一方面可以帮助系统管理员对使用系统的用户进行跟踪，并控制他们对系统资源的访问；另一方面也可以帮助用户组织文件，并为用户提供安全性保护。每个用户账号都拥有一个唯一的用户名和各自的密码。用户在登录时输入正确的用户名和密码后，就能够进入系统和自己的主目录。

（4）配置网络

将 Linux 操作系统接入互联网的方法很多，最常见而且快捷方便的方法是以局域网的形式接入。此时就涉及 Linux 操作系统下一块或多块网卡的安装。对于以太网卡，在 Linux 操作系统的安装过程中会自动检测到并自动配置内核以便系统能使用该网卡。只需根据安装程序的提示给出 TCP/IP 的配置参数，如本机的 IP 地址、DNS 的 IP 地址等，安装程序将会自动把系统支持的网卡驱动程序编译到内核中。

对于非以太网卡或者要在原有的基础上增加网卡的情况，或者系统自身不支持现有的网卡时，就得自己动手安装网卡了。其实这并不难，只要了解了加载网卡驱动程序的过程。在 Linux 操作系统中，网卡的驱动程序是作为模块加载到内核中的，正因为如此，当没有网卡的驱动程序时，可以到网上下载驱动程序的源文件，甚至可以自己动手编写网卡的驱动程序，然后以模块的形式将其编译到内核中去。所有 Linux 操作系统支持的网卡驱动程序都存放在目录/lib/modules/Linux 版本号/net/，可以通过修改在 etc 目录下的 conf.modules 模块配置文件来更换网卡或增减网卡。

配置网卡的方法并非只有这一种，用命令 netconf 或 netconfig 也能完成网卡的配置工作，netconfig 命令是重新配置基本的 TCP/IP 参数，这些参数包括是否配置为动态获得 IP 地址（dhcpd 和 bootp）、子网掩码、默认网关及域名服务器地址等；netconf 命令用于详细配置所有的网络参数，包括客户端任务（主机名、有效域名、网络别名、网卡的 IP 地址、网络掩码、接口名、网卡驱动程序、DNS 地址、默认网关地址、NIS 地址、ipx 借口，ppp/slip 等），服务器端任务（NFS、DNS、ApacheWebServer、Samba、Wu-ftpd 等）和其他配置三部分。在超级用户下输入 netconf 命令，只需根据系统给出的选项输入相应的信息即可，同样，对于

PCI 网卡，甚至不必输入硬件的 I/O 地址和中断号；与此同时，还可以指定该网卡是否可用，如 TCP/IP 网络的 IP 地址及子网掩码等。随着 Linux 操作系统图形界面的发展，在 X Windows 下也可以运行这些命令。其实，在修改完 conf.modules 配置文件后，同样需要用命令 netconf 或 ifconfig 来配置 TCP/IP 网络参数。

充分使用实训室设备根据本项目几个实训的练习成果，搭建一个小型局域网的服务环境，搭建基于 AD 的局域网管理网络，并提供 DHCP 和 FTP 的终端网络配置，提供基于内部 DNS 的互联网域名查询服务。

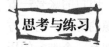

1. 选择题

1）在 Windows Server 2003 操作系统中，如果要输入 DOS 命令，则在"运行"对话框中输入（　　　　）。

A．CMD　　　　　　B．MMC　　　　　　C．AUTOEXE　　　　D．TTY

2）在设置域账户属性时（　　　　　）项目不能被设置。

A．账户登录时间　　　　　　　　　B．账户的个人信息

C．账户的权限　　　　　　　　　　D．指定账户登录域的计算机

3）要启用磁盘配额管理，Windows Server 2008 驱动器必须使用（　　　　）文件系统。

A．FAT16 或 FAT32　　　　　　　B．只使用 NTFS

C．NTFS 或 FAT 32　　　　　　　D．只使用 FAT32

4）一个基本磁盘上最多有（　　　　）主分区。

A．一个　　　　　B．二个　　　　　C．三个　　　　　D．四个

5）下列哪个任务不是网络操作系统的基本任务（　　　　　）。

A．明确本地资源与网络资源之间的差异　　B．为用户提供基本的网络服务功能

C．管理网络系统的共享资源　　　　　　　D．提供网络系统的安全服务

2. 简答题

网络操作系统有哪些特性？

项目6　接入与应用互联网

小 Q 来公司 1 年了，近期公司想把分布在不同位置的几个办公地点都接入互联网，再通过 VPN 的实施让整体互联，让他尽量利用现有资源完成此项目。

1. 宽带接入互联网概述

宽带是相对传统拨号上网而言，尽管目前没有统一标准规定宽带的带宽应达到多少，但依据大众习惯和网络多媒体数据流量考虑，网络的数据传输速率至少应达到 256kbit/s 才能称之为宽带，其最大优势是带宽远远超过 56kbit/s 拨号上网方式。

ADSL（Asymmetrical Digital Subscriber Loop，非对称数字用户环路）技术是运行在原有普通电话线上的一种新的高速宽带技术，它利用现有的一对电话铜线，为用户提供上、下行非对称的传输速率（带宽）。非对称主要体现在上行速率（最高 640kbit/s）和下行速率（最高 8Mbit/s）的非对称性上。上行（从用户到网络）为低速的传输，可达 640kbit/s；下行（从网络到用户）为高速传输，可达 8Mbit/s。它最初主要是针对视频点播业务开发的，随着技术的发展，逐步成为一种较方便的宽带接入技术，为电信部门所重视。通过网络电视的机顶盒，可以实现许多以前在低速率下无法实现的网络应用。

2. VPN 技术概述

随着计算机网络的发展，企业纷纷利用互联网技术建立企业自己的内联网（Intranet），同时根据商务发展的需要，与供货商、销售商等整合资源，建设外联网（Extranet）。Intranet 和 Extranet 在物理上的分布化，即由简单的本地局域网或局域网连接发展为远地局域网连接，这其中最为突出的就是安全问题。

VPN 原理上由两部分组成：覆盖在普遍存在的互联网之上的虚拟网络（Virtual Network），以及为了秘密通信和独占使用的专用网络（Private Network）。专用网络的真正目的是保持数据的机密性，使之有指定的接收者能够接收它。这种专用性确保了通过使用公共基础设施进行的通信不是以牺牲数据的安全性为代价的。

VPN 具有以下特点。

1）VPN 有别于传统网络，它并不实际存在，而是利用现有公共网络，通过资源配置而成的虚拟网络，是一种逻辑上的网络。

2）VPN 只为特定的企业或用户群体所专用。VPN 作为私有专网，一方面与底层承载网络之间保持资源独立性，即在一般情况下，VPN 资源不会被承载网络中的其他 VPN 或非该 VPN 用户的网络成员所使用；另一方面，VPN 提供足够安全性，确保 VPN 内部信息不受外部的侵扰。

3）VPN 不是一种简单的高层业务。它能够建立专网用户之间的网络互联，包括建立 VPN 内部的网络拓扑、路由计算、成员的加入与退出等。因此，VPN 技术就比各种普通的点对点的应用机制要复杂得多。

4）费用低，不需要租用远程专用线路。

5）结构灵活，VPN 可以灵活方便地组建和扩充分支站点、远程办公室、移动用户等接入的网络，只需要通过软件配置就可以增加、删除 VPN 用户，无需改动硬件设施，比传统广域网络有更好的灵活性。

6）更加简单的网络管理，可以不必过多地管理运营商提供的电信网络，而把管理核心放在企业核心业务的管理方面。

7）利用虚拟隧道技术提供网络连接使拓扑结构简单明了。

VPN 的结构和分类如下。

1）远程访问的 VPN。

①移动用户或远程小办公室通过互联网访问网络中心。

②连接单一的网络设备。

③客户通常需要安装 VPN 客户端软件。

2）站点到站点的 VPN。

①公司总部和其分支机构、办公室之间建立的 VPN。

②替代了传统的专线或分组交换 WAN 连接。

③它们形成了一个企业的内部互联网络。

实训 1 将 SOHO 办公网接入互联网

1）连接计算机、ADSL Modem 和 ADSL 电话线，如图 6-1 所示。

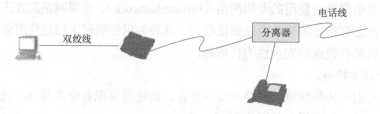

图6-1 ADSL联网连接示意图

其中分离器如图 6-2 所示。

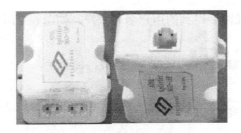

图6-2　分离器示意

分离器一共有三个接口，标识为 Line 的接口是连接电信的电话线路的，标识为 MODEM 的接口是用来连接 Modem 的，标识为 PHONE 的接口，是用来连接电话的。

2）在计算机中创建一个属于 ADSL 方式的新连接方式。

①执行"开始"→"程序"→"附件"→"通信"→"新建连接向导"命令，打开网络连接，单击左侧"网络任务"中的"创建一个新的连接"，在打开的"新建连接向导"对话框中单击"下一步"按钮，打开"网络连接类型"对话框。

②选中"连接到 Internet"单选按钮，单击"下一步"按钮，如图 6-3 所示。

③在打开的对话框中选中"手动设置我的连接"单选按钮，单击"下一步"按钮，如图6-4 所示。

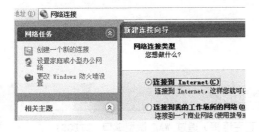
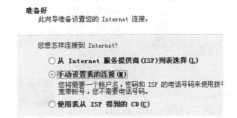

图6-3　创建ADSL拨号连接　　　　　　　　　　　图6-4　手动设置连接

④连接互联网的方式选择"用要求用户名和密码的宽带连接来连接"单选按钮，单击"下一步"按钮。

在连接的服务名处，为此新建连接起一个连接名，单击"下一步"按钮，如图 6-5 和图 6-6 所示。

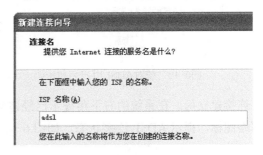

图6-5　用宽带连接　　　　　　　　　　　图6-6　为新建的连接起连接名

3）添加申请 ADSL 线路后得到的用户名和账户，如图 6-7 所示。

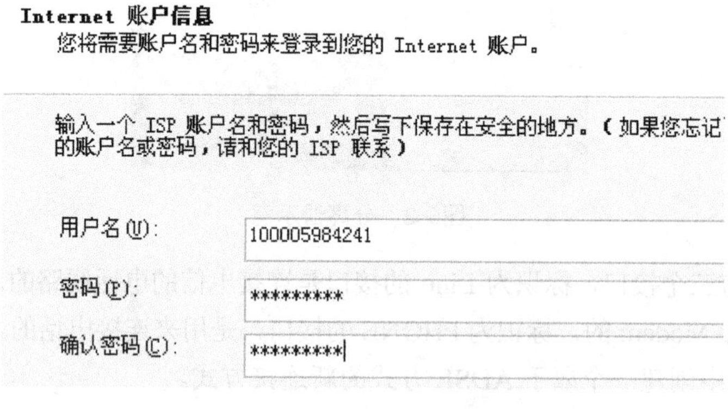

Internet 账户信息
您将需要账户名和密码来登录到您的 Internet 账户。

输入一个 ISP 账户名和密码，然后写下保存在安全的地方。（如果您忘记的账户名或密码，请和您的 ISP 联系）

用户名(U)：　100005984241

密码(P)：　*********

确认密码(C)：　*********

图6-7　输入ADSL用户名和密码

单击"下一步"按钮，完成新建连接的创建。

4）验证结果。

启动新建的 ADSL 连接。连接过程如图 6-8～图 6-11 所示。

图6-8　启动ADSL连接

图6-9　ADSL拨叫过程

图6-10　核对ADSL用户名和密码

图6-11　在ADSL网络上注册计算机

连接建立后，在系统的右下角提示已经建立的网络连接状态摘要，如图 6-12 所示。单击网络图标，提示 ADSL 连接状态，如图 6-13 所示。

图6-12 创建ADSL连接完成 　　　　图6-13 ADSL连接状态

实训 2 将办事处接入互联网

1）使用直通双绞线连接宽带路由器和三台 PC 的网卡。

700R 无线宽带路由器带有 4 个以太网接口和 1 个广域网接口，因此，可以使用它的以太网接口来连接没有无线网卡的计算机，如图 6-14 所示。

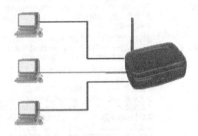

图6-14 宽带路由器和PC的连接

2）配置 PC 的 IP 地址使它们互通。

PC 的 IP 地址可分别配置为 192.168.1.10、192.168.1.20 和 192.168.1.30，掩码均为 255.255.255.0。

3）配置宽带路由器使之连接到互联网。

①首先连接宽带路由器的广域网端口到 ADSL 网络，如图 6-15 所示。

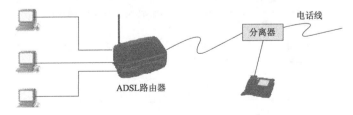

图6-15 使用ADSL路由器使多台PC同时上网

②从 PC 中登录 ADSL 路由器进行配置。

ADSL 路由器默认的局域网管理地址是 192.168.1.1，使用默认管理员账户和密码（账户和密码分别为 admin 和 admin）打开 AP 的 web 配置界面，如图 6-16 和图 6-17 所示。

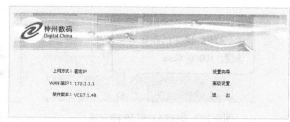

图6-16　登录ADSL　　　　　　　　图6-17　ADSL路由器主界面

选择设置向导进行 ADSL 上网设置。选中"路由模式"单选按钮，单击"下一步"按钮，如图 6-18 所示。

图6-18　ADSL工作模式

按图 6-19 所示配置，单击"下一步"按钮。

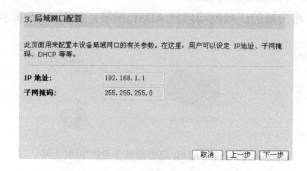

图6-19　ADSL路由器局域网口配置

这里需注意配置接入类型为"PPPoE"，用户名和密码则按照申请 ADSL 线路所得到的用户账户和密码进行配置。用户可以自己修改用户名及密码，但前面必须以"*"开头，这里使用的"*digitalchina"就是已经修改过的用户名。单击"下一步"按钮，如图 6-20 所示。

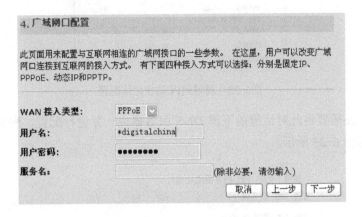

图6-20　ADSL路由器广域网口配置

在使用向导配置完成之后，在主界面中选择广域网接口配置，注意连接类型选择"自动连接"，这样在每次线路接通后，ADSL 将进行自动拨号，而不必使用明确的命令启动连接过程，如图 6-21 所示。

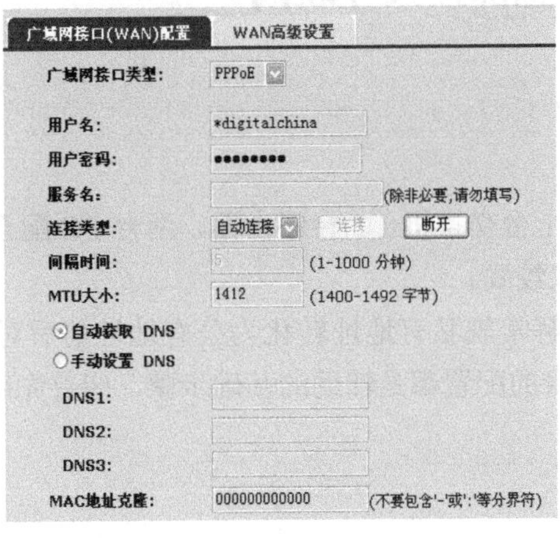

图6-21　广域网连接类型确认

4）配置 PC 的默认网关等参数使 PC 都可连接到互联网。

参考前面实训中配置 IP 地址的过程，将 TCP/IP 属性对话框打开，在 IP 地址和子网掩码的下方，可以看到有关默认网关配置的文本框，在三台 PC 的此处均输入地址 192.168.1.1，就是 ADSL 路由器的局域网口地址，如图 6-22 所示。

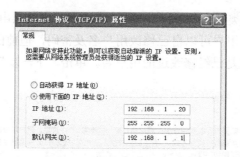

图6-22　局域网PC的IP地址配置

除此之外，还需要将此对话框的下部 DNS 服务器也一并进行配置，配置 192.168.1.1 这个地址即可，如图 6-23 所示。

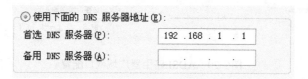

图6-23　局域网PC的DNS服务器配置

此时已经配置好了这个网络环境了。

实训3　将公司总部接入互联网

实训要求

本实训需要每组 2 人 1 台交换机、1 台路由器、两台 PC 配合完成，其中需要配备 2 根直通双绞线缆，1 根交叉双绞线。

本实训的重点在于理解常规私有地址转化为公有地址前后对网络连通性的影响及其原因，实训过程中对端口本身的配置都是辅助的基础步骤，应首先确保链路本身的畅通。

实训步骤

1）连接 PC1 和交换机以及交换机及路由器以太网接口（此时交换机采用出厂默认配置即可）。

设备连接可参考图 6-24 进行。

图6-24　典型内网环境模拟

此时 PC、交换机和路由器构成了一个模拟的内网环境。注意交换机应还原为出厂设置。

2）配置 PC1 和路由器的对应端口 IP 地址，并验证连通性。

PC1 的地址配置为 192.168.1.10，掩码为 255.255.255.0，路由器的对应以太网端口 IP 地址为 192.168.1.1，掩码为 255.255.255.0。

注意此时连接的端口是 100Mbit/s 以太网端口。

3）使用交叉双绞线连接 PC2 与路由器的另一个以太网端口。

在第 1）步的基础上添加新的连接，如图 6-25 所示。

图6-25　NAT环境模拟

4）配置 PC2 和路由器的 IP 地址，并验证连通性。

配置 PC2 的 IP 地址为 173.24.33.57，掩码为 255.255.255.0，对应路由器的接口为 10Mbit/s 以太网端口，IP 地址为 173.24.33.56，掩码为 255.255.255.0。

```
Router _config#interface ethernet0/1
Router _config_e0/1#ip address 173.24.33.56 255.255.255.0
Router _config_e0/1#
```

5）配置 PC1 的默认网关为对应路由器端口的 IP 地址，不配置 PC2 网关，验证 PC1 与 PC2 的连通性。

此时 PC1 的默认网关应配置为 192.168.1.1，PC2 由于模拟公网服务器，在实际环境中也不会因为公网增加了一个企业的接入而配置一个默认网关，所以不予配置，但此时的连通性却是如下所示。

```
C:\Documents and Settings\Administrator>ping 173.24.33.57
Pinging 173.24.33.57 with 32 bytes of data:
Request timed out.
Request timed out.
Request timed out.
Request timed out.
Ping statistics for 173.24.33.57:
Packets: Sent = 4,    Received = 0,    Lost = 4    （100% loss），
```

6）配置路由器的地址转化，将 PC1 的地址转换为 PC2 所在网段的地址。

配置路由器地址转换的任务大致分为如下几步。

①定义被转换地址范围。

```
Router-A#config
Router-A_config#ip access-list standard 1
//定义访问控制列表
```

Router-A_config_std_nacl#permit 192.168.1.0 255.255.255.0
//定义允许转换的源地址范围
Router-A_config_std_nacl#

②定义转换后的地址范围。

Router_config#ip nat pool dcnu 173.24.33.50 173.24.33.55 255.255.255.0
//定义名为 dcnu 的转换地址池

以上命令定义了一个地址池，它的第一个地址是 173.24.33.50，最后一个地址是 173.24.33.55，共 6 个地址。定义地址池的目的在于为私有地址的转换提供转换后的地址范围，就是上面列表中的那些地址（192.168.1.0）未来在某些情况下需要被转换成了这个步骤中定义的这 6 个地址。

③定义转换过程。

Router-A_config#ip nat inside source list 1 pool dcnu overload
//配置将 ACL 允许的源地址转换成 dcnu 中的地址，并且允许地址复用

以上命令在于定义转换过程的规则，所有满足 list 1 列表的源地址都将被转换为 dcnu 中的 6 个地址中的一个，最后的 overload 意思是 dcnu 中的地址都是可以被重复使用的。即内网也许同时有 20 个终端被同时转换成为了 dcnu 中的同一个地址。这样就可以解决内网中上百用户使用有限的公网地址上网的问题了。

④定义转换数据的进入端口。

Router-A_config#interface fastethernet 0/0
Router-A_config_f0/0#ip nat inside

上述命令定义了快速以太网端口 0/0 为进行地址转换的数据包进入端口，表示所有进入这个端口的数据包都要经过地址转换过程的筛选来决定是否要进行地址转换。

⑤定义转换数据的出口。

Router-A_config_f0/0#interface ethernet0/1
Router-A_config_e0/1#ip nat outside

上述命令定义了以太网端口 0/1 为进行地址转换的数据包的出口，表示所有出这个端口的数据包都要经过检查来确定已经将符合转化条件的源地址转换成了公网地址池中的地址。

7）验证 PC1 与 PC2 的连通性。

C:\Documents and Settings\Administrator>ping 173.24.33.57
Pinging 173.24.33.57 with 32 bytes of data:
Reply from 173.24.33.57: bytes=32 time<1ms TTL=128
Reply from 173.24.33.57: bytes=32 time<1ms TTL=128
Reply from 173.24.33.57: bytes=32 time<1ms TTL=128
Reply from 173.24.33.57: bytes=32 time<1ms TTL=128
Ping statistics for 127.0.0.1:
Packets: Sent = 4, Received = 4, Lost = 0 （0% loss），

Approximate round trip times in milli-seconds:
Minimum = 0ms,   Maximum = 0ms,   Average = 0ms

以上为从 PC1 验证与 173.24.33.57 连通性的时候系统的回应,请将从 PC2 验证 PC1 的过程记录到实训报告中。

8）在路由器中验证转换过程。

Router-A#sh ip nat translatios
Pro. Dir   Inside local   Inside global   Outside local   Outside global
ICMP OUT 192.168.1.10:512   173.24.33.50:12512 173.24.33.57:12512   173.24.33.57:12512

注意，这里说明了 PC1 的地址被转换到了 173.24.33.50，然后再被路由器转发给 PC2。

实训 4   搭建 VPN 环境

实训拓扑如图 6-26 所示。

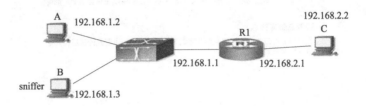

图6-26   VPN实训拓扑

实训步骤

1）配置基础网络环境使 A 和 B 与路由器的 192.168.1.1 端口可以连通,不必配置默认网关。此步骤参考配置序列如下。

R2#config
R2_config#interface fastethernet 0/0
R2_config_f0/0#ip add 192.168.1.1 255.255.255.0
R2_config_f0/0#exit
R2_config#interface fastethernet 0/3
R2_config_f0/3#ip add 192.168.2.1 255.255.255.0
R2_config_f0/3#exit

2）配置路由器 VPDN 端。

R2_config#aaa authen ppp dcnu local
R2_config#username dcnu password dcnu
R2_config#interface virtual-template 0
R2_config_vt0# ppp authen chap dcnu
R2_config_vt0# peer default ip address 192.168.3.2
R2_config_vt0# ip add 192.168.3.1 255.255.255.0
R2_config_vt0#exit

```
R2_config#vpdn enable
R2_config# vpdn-group 0
R2_config_vpdn_0# accept-dialin
R2_config_vpdn_0# protocol pptp
R2_config_vpdn_0# port virtual-template 0
R2_config_vpdn_0#
```

3）配置 A 成为 VPDN 客户端。过程可参考图 6-27～图 6-36。

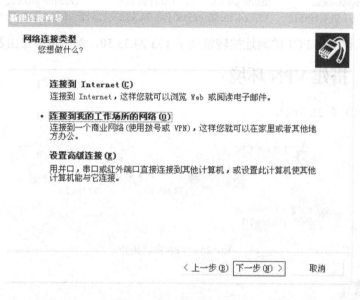

图6-27　建立VPN客户端1

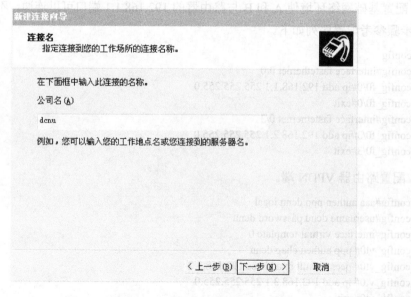

图6-28　建立VPN客户端2

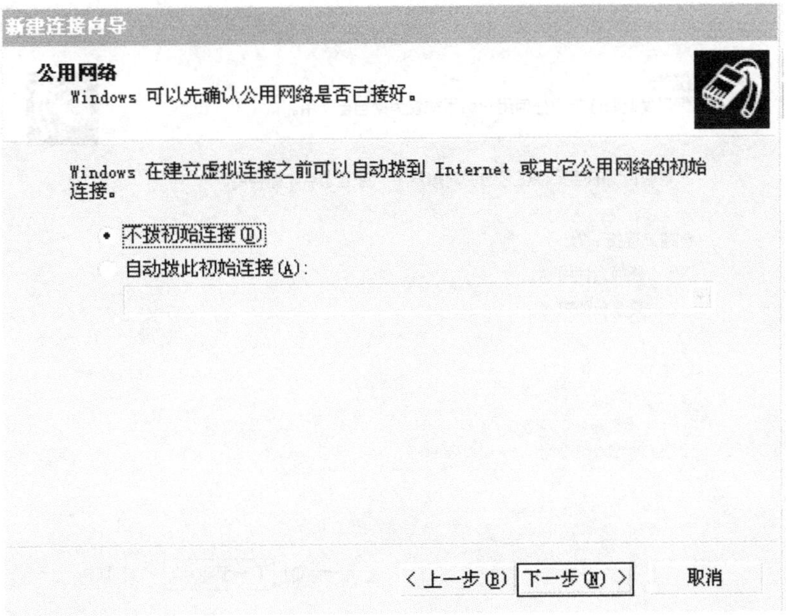

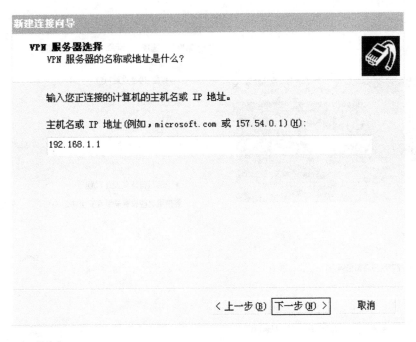

图6-29　建立VPN客户端3

图6-30　建立VPN客户端4

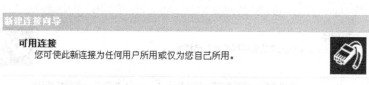

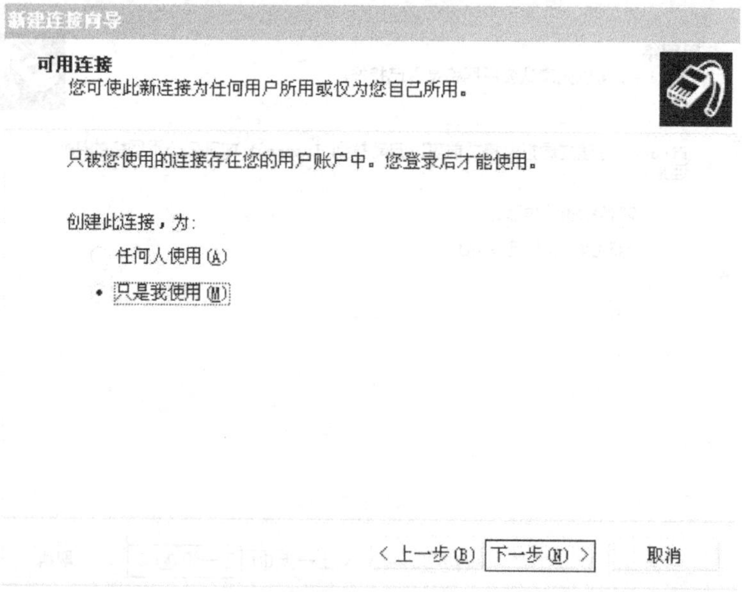

新建连接向导

可用连接
　您可使此新连接为任何用户所用或仅为您自己所用。

只被您使用的连接存在您的用户账户中。您登录后才能使用。

创建此连接，为：

　　○ 任何人使用(A)

　● 只是我使用(M)

〈 上一步(B) ┃ 下一步(N) 〉 ┃ 取消

图6-31　建立VPN客户端5

连接 dcnu

用户名(U)：

密码(P)：

为下面用户保存用户名和密码(S)：

连接(C) ┃ 取消 ┃ 属性(O) ┃ 帮助(H)

图6-32　建立VPN客户端6

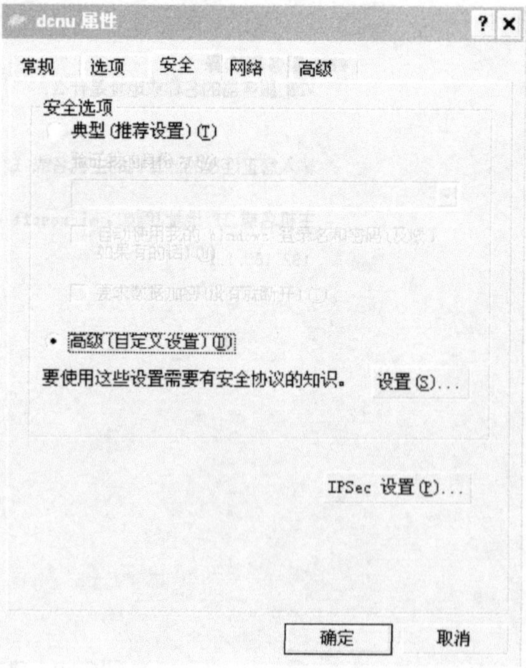

dcnu 属性

常规 ┃ 选项 ┃ 安全 ┃ 网络 ┃ 高级

安全选项
　○ 典型(推荐设置)(T)

　● 高级(自定义设置)(U)

要使用这些设置需要有安全协议的知识。　设置(S)...

IPSec 设置(P)...

确定 ┃ 取消

图6-33　建立VPN客户端7

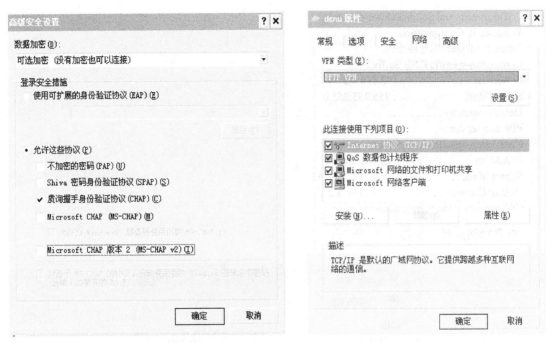

图6-34　建立VPN客户端8　　　　　　图6-35　建立VPN客户端9

图6-36　建立VPN客户端10

连接建立后，打开命令行查看网络配置情况如下。

```
C:\Documents and Settings\duwc>ipconfig
Windows IP Configuration
Ethernet adapter 本地连接:
Connection-specific DNS Suffix.:
IP Address. . . . . . . . . . . : 192.168.1.2
Subnet Mask . . . . . . . . . . : 255.255.255.0
Default Gateway . . . . . . . . :
PPP adapter dcnu:
Connection-specific DNS Suffix   . :
IP Address. . . . . . . . . . . : 192.168.3.2
Subnet Mask . . . . . . . . . . : 255.255.255.255
Default Gateway . . . . . . . . : 192.168.3.2
C:\Documents and Settings\duwc>
```

查看网络属性，如图 6-37 所示。

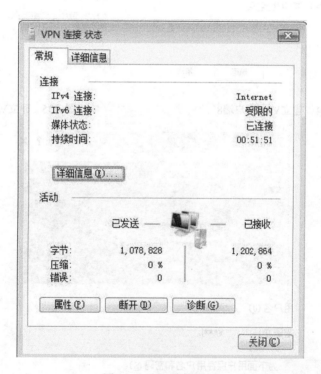

图6-37　VPN连接属性

此时 A 已经成功进行了 VPDN 的拨叫，打开命令行界面测试连通性，如下。

```
C:\Documents and Settings\duwc>ping 192.168.2.2
Pinging 192.168.2.2 with 32 bytes of data:
Reply from 192.168.2.2: bytes=32 time=4ms TTL=127
Reply from 192.168.2.2: bytes=32 time=1ms TTL=127
Reply from 192.168.2.2: bytes=32 time=1ms TTL=127
Reply from 192.168.2.2: bytes=32 time=2ms TTL=127
```

Ping statistics for 192.168.2.2:

Packets: Sent = 4， Received = 4， Lost = 0 （0% loss），

Approximate round trip times in milli-seconds:

Minimum = 1ms， Maximum = 4ms， Average = 2ms

C:\Documents and Settings\duwc>

4）配置交换机的端口镜像完成 B 的抓包。

DCRS-5650-28（config）#monitor session 1 source interface e 0/0/6

DCRS-5650-28（config）#monitor session 1 destination interface e 0/0/1

5）在 A 没有与路由器建立 VPDN 通道时使用 B 抓包。此时因为 A 没有配置默认网关，所以 A 与服务器是无法通信的，如下。

C:\Documents and Settings\duwc>ping 192.168.2.2

Pinging 192.168.2.2 with 32 bytes of data:

Destination host unreachable.

Destination host unreachable.

Destination host unreachable.

Destination host unreachable.

Ping statistics for 192.168.2.2:

Packets: Sent = 4， Received = 0， Lost = 4 （100% loss），

C:\Documents and Settings\duwc>

此时从 A 测试与网关的连通性，结果如图 6-38 所示。

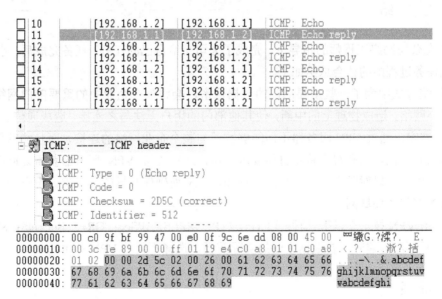

图6-38　VPN未建立时的抓包

6）在 A 建立起 VPDN 通道后再使用 B 抓包查看结果。

在 A 与服务器之间进行了数据的传输之后，查看 B 中的抓包情况，如图 6-39 所示。

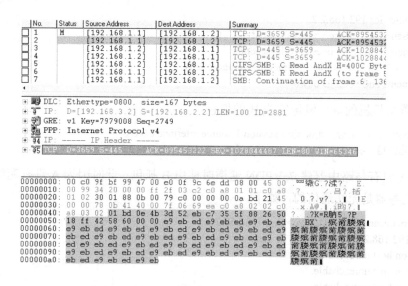

图6-39　VPN建立后的抓包

可以看到全部都是加密的数据，无法识别具体内容，只能根据数据封装的格式了解到这是一个加密的数据。

小 Q 在公司网络工程师的指导下，完成了公司交给自己的任务。任务完成后，小 Q 将自己在完成任务过程中的体会总结如下。

1）传统方式中为了一些重要部门的数据保密，会将整个企业中的重要部门网络断开形成孤立的小网络，造成物理上的中断，使其他部门的用户无法与之连接，造成通信上的困难。采用 VPN 方案，通过 VPN 服务器不但能够实现与整个企业网络的连接，而且能够保证公司保密数据的安全性。只有符合特定身份要求的用户才能连接 VPN 服务器获得访问敏感信息的权利。此外，可以对所有 VPN 数据进行加密，从而确保数据的安全性。没有访问权的用户无法看到部门的局域网。

2）常用 VPN 技术有以下几种：PPTP/L2TP；MPLS；IPSec；GRE；Socket5；SSLVPN。在进行 VPN 环境搭建时，要根据企业的实际需要，选择不同的 VPN 技术。

巩固提高

本项目中没有涉及分公司到总部之间的 IPSec VPN 规划和实施，在实际使用中，此功能可以由路由器或者防火墙来承担，一般 VPN 两端设备的配置是对称的，配置要素主要包括保护协议及保护模式配置、数据加密算法、完整性验证方式选择、密钥管理方式及密钥和与共享密钥的设置等。

充分利用实验室设备，搭建 IPSec VPN 和 VPDN 共存的环境，实现拨号 VPN 和分支网络的 VPN 实时连接。

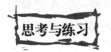

1. 选择题

1）在以下 4 个网址中，（ 　　　 ）网址不符合书写规则。

A. www.163.com

B. www.nk.cn.edu

C. www.863.org.cn

D. www.tj.net.jp

2）下面协议中，用于 WWW 传输控制的是（ 　　　 ）。

A. URL 　　　　　　 B. SMTP 　　　　　 C. HTTP 　　　　 D. HTML

3）前流行的 E-mail 的中文含义是（ 　　　 ）。

A. 电子商务 　　　　 B. 电子现金 　　　　 C. 电子政务 　　　 D. 电子邮件

4）下列说法正确的是（ 　　　 ）。

A. 电子邮件是互联网提供的一项最基本的服务

B. 电子邮件具有快速、高效、方便、价廉等特点

C. 通过电子邮件，可向世界上任何一个角落的互联网用户发送信息

D. 可发送的多媒体只有文字和图像

2. 简答题

互联网的主要服务有（至少写 5 个）哪些？

项目7　在局域网中进行资源共享

项　目　描　述

公司开完新财年大会，很多员工都向信息部门索要新财年的领导讲话视频，小 A 把资料一次次地复制给各位需要的员工，但同时小 A 也在考虑，利用公司的局域网络，把资源放在其中，谁需要都可以从服务器下载了。

项　目　准　备

1. 局域网资源共享方式概述

Windows 系统的文件共享有两种方式，即简单文件共享（Simple File Sharing）和高级文件共享（Professional File Sharing）。

（1）简单文件共享

使用简单文件共享方式创建文件共享很简单，只需在文件夹上单击鼠标右键，在弹出的快捷菜单中选择"共享和安全"命令，在打开的对话框中选择"共享"选项卡，然后选择"在网络上共享这个文件夹"复选框，在"共享名"中显示的是所需共享的文件目录名，如果允许网络上用户修改共享文件，则还可以选择"允许网络用户更改我的文件"复选框。Windows XP 操作系统在默认情况下是打开简单文件共享功能的。

如果共享文件夹不能完全满足要求，则还可以共享磁盘驱动器。只需在驱动器盘符上单击鼠标右键，在弹出的快捷菜单中选择"共享和安全"命令，在打开的对话框中选择"共享"选项卡，出现了一个安全提示，提示注意驱动器共享后的风险。如果要继续共享，则单击"共享驱动器根"链接，以下操作与文件夹共享操作一样。

（2）高级文件共享

Windows 操作系统的高级文件共享是通过设置不同的账户，并分别赋予不同的权限，即通过设置 ACL（Access Control List，访问控制列表）来规划文件夹和硬盘分区的共享情况达到限制用户访问的目的。

1）禁止简单文件共享。

2）设置账户。

3）设置共享。

（3）快捷创建多个共享文件夹

用 shrpubw.exe 命令来创建多个共享文件夹。有时需要一次将本地硬盘的多个文件夹共享给局域网内的其他用户使用。按照上述"简单文件共享"方法一次只能选择一个文件夹，操作烦琐。

2．管理共享

（1）查看已创建的共享文件夹

如果想查看局域网上有哪些共享，可以使用"开始"→"运行"命令，输入"cmd"命令，在弹出的"运行"对话框中输入"netshare"命令查看共享资源。还可以使用一些软件来辅助完成此任务。

（2）查看连接本机的用户

执行"控制面板"→"管理工具"→"计算机管理"→"共享文件夹"→"会话"命令可以看到本机连接的用户。在用户名上单击鼠标右键，在弹出的快捷菜单中选择"关闭会话"命令即可断开用户连接。

（3）删除共享

删除共享文件只需在文件夹上单击鼠标右键，在弹出的快捷菜单中选中"共享和安全"命令，选择"共享"选项卡，然后去除"在网络上共享这个文件夹"项前的勾，单击"确定"按钮后该文件目录就无法在局域网上共享了。

还可以使用记事本新建一个后缀名为.bat 的批处理文件，在该文件中按以下格式输入命令。

netshareadmin$/del

netshareipc$/del

netsharec$/del

netshared$/del

如果还有其他盘符或文件夹共享，则也可以依次添加进去。

将刚创建好的批处理文件加入到系统的"任务计划"，并在执行任务的选项中选择"计算机启动时"。这样在每次开机后系统就会自动运行该批处理文件，关闭指定的默认共享服务。如果不想使用"计划任务"，则还可以将该批处理文件的快捷方式添加到"启动"菜单中，同样也能达到目的。

3. 文件共享隐身

（1）隐藏共享文件夹

在要隐藏的共享文件夹上单击鼠标右键，在弹出的快捷菜单中选择"共享"选项卡，在共享名中输入共享文件夹的名称，然后在后面加上"$"，如"共享文件$"，再输入密码。如果要访问共享文件，在网上邻居中是无法看到的，必须在地址栏中输入"\计算机名称（或者是 IP 地址）\共享文件$"，再输入密码确认，才能访问共享文件夹。

（2）无共享标志共享

先用"隐藏共享文件夹"的方法将 E 盘设置为隐藏共享，然后打开注册表编辑器，依次打开"HKEY_LOCAL_MACHINE\SoftWare\Microsoft\Windows\CurrentVersion\Network\LanMan\e$"，将 DWORD 值"Flags"的键值由"192"改为"302"，重新启动 Windows 操作系统使其生效。

如果需要访问，则只需在地址栏中输入"\计算机名\e$"，就可以看到 E 盘的共享内容了。

4. Windows 系统权限管理概述

在 Windows 操作系统里，用户被分成许多组，组和组之间都有不同的权限，当然，一个组的用户和用户之间也可以有不同的权限。

Administrators，管理员组。默认情况下，Administrators 中的用户对计算机/域有不受限制的完全访问权。分配给该组的默认权限允许对整个系统进行完全控制。因此，只有受信任的人员才可以成为该组的成员。

Power Users，高级用户组。Power Users 可以执行除了为 Administrators 组保留的任务外的其他任何操作系统任务。分配给 Power Users 组的默认权限允许 Power Users 组的成员修改整个计算机的设置。但 Power Users 不具有将自己添加到 Administrators 组的权限。在权限设置中，这个组的权限是仅次于 Administrators 的。

Users，普通用户组。这个组的用户无法进行有意或无意的改动。因此，用户可以运行经过验证的应用程序，但不可以运行大多数旧版应用程序。Users 组是最安全的组，因为分配给该组的默认权限不允许成员修改操作系统的设置或用户资料。Users 组提供了一个最安全的程序运行环境。在经过 NTFS 格式化的卷上，默认安全设置旨在禁止该组的成员危及操作系统和已安装程序的完整性。用户不能修改系统注册表设置、操作系统文件或程序文件。Users 可以关闭工作站，但不能关闭服务器。Users 可以创建本地组，但只能修改自己创建的本地组。

Guests，来宾组。按默认值，来宾与普通 Users 的成员有同等访问权，但来宾账户的限制更多。

Everyone，所有的用户。这个计算机上的所有用户都属于这个组。

还有一个组也很常见，它拥有和 Administrators 一样，甚至比其还高的权限，但是这个组不允许任何用户的加入，在察看用户组的时候，也不会被显示出来，它就是 System 组。系统和系统级的服务正常运行所需要的权限都是靠它赋予的。由于该组只有这一个用户 System，把该组归为用户的行列更为贴切。

权限是有高低之分的，高权限的用户可以对低权限的用户进行操作，但除了 Administrators 之外，其他组的用户不能访问 NTFS 卷上的其他用户资料，除非他们获得了这些用户的授权。而低权限的用户无法对高权限的用户进行任何操作。

平常使用计算机的过程中不会感觉到有权限的限制，这是因为在使用计算机的时候都用的是 Administrators 中的用户登录的。这样有利也有弊，利是能做你想做的任何一个操作而不会遇到权限的限制。弊就是以 Administrators 组成员的身份运行计算机将使系统容易受到特洛伊木马、病毒及其他安全风险的威胁。所以在没有必要的情况下，最好不用 Administrators 中的用户登录。Administrators 中有一个在系统安装时就创建的默认用户 Administrator，Administrator 账户具有对服务器的完全控制权限，并可以根据需要向用户指派用户权利和访问控制权限。因此，强烈建议将此账户设置为使用强密码。永远也不可以从 Administrators 组删除 Administrator 账户，但可以重命名或禁用该账户。由于大家都知道"管理员"存在于许多版本的 Windows 操作系统上，所以重命名或禁用此账户将使恶意用户尝试并访问该账户变得更为困难。对于一个好的服务器管理员来说，通常都会重命名或禁用此账户。Guests 用户组下，也有一个默认用户 Guest，但是在默认情况下，它是被禁用的。如果没有特别必要，则无须启用此账户。可以执行"控制面板"→"管理工具"→"计算机管理"→"用户和用户组"命令来查看用户组及该组下的用户。

在一个 NTFS 卷或 NTFS 卷下的一个目录上单击鼠标右键，在弹出的快捷菜单中选择"属性"→"安全"命令就可以对一个卷或者一个卷下面的目录进行权限设置，此时会看到以下 7 种权限，即完全控制、修改、读取和运行、列出文件夹目录、读取、写入和特别的权限。"完全控制"就是对此卷或目录拥有不受限制的完全访问。地位就像 Administrators 在所有组中的地位一样。选中了"完全控制"，下面的五项属性将自动被选中。"修改"则像 Power users，选中了"修改"，下面的四项属性将自动被选中。下面的任何一项没有被选中时，"修改"条件将不再成立。"读取和运行"就是允许读取和运行在这个卷或目录下的任何文件，"列出文件夹目录"和"读取"是"读取和运行"的必要条件。"列出文件夹目录"是指只能浏览该卷或目录下的子目录，不能读取，也不能运行。"读取"是能够读取该卷或目录下的数据。"写入"就是能向该卷或目录下写入数据。而"特别"则是对以上 6 种权限进行细分。

对于各个卷的根目录，默认给了 Everyone 组完全控制权。这意味着任何进入计算机的用户将不受限制地在这些根目录中为所欲为。系统卷下有 3 个目录比较特殊，系统默认给了它们有限制的权限，这 3 个目录是 Documents and Settings、Program Files 和 WinNT。对于 Documents and Settings，默认的权限为 Administrators 拥有完全控制权，Everyone、Power users 和 Users 拥有读取和运行权限；System 同 Administrators 一样拥有完全控制权。对于 Program files 目录，默认的权限分配为 Administrators 拥有完全控制权，Creator Owner 拥有特殊权限；Power users 拥有完全控制权，System 同 Administrators、Terminal server users 一样拥有完全控制权，Users 有读取和运行权限。对于 Windows（或 WinNT）目录，默认的权限分配为 Administrators 拥有完全控制权，Creator Owner 拥有特殊权限，Power users 拥有完全控制权，System 同 Administrators 一样拥有完全控制权，Users 拥有读取和运行权限。而非系统卷下的所有目录都将继承其父目录的权限，也就是 Everyone 组完全控制权。

实训 1　设置共享文件夹

1．Windows XP 主机之间共享

通过映射网络驱动器，用户可以在"我的电脑"或"资源管理器"窗口中像访问本地硬盘一样访问网络中的共享文件夹。这种文件共享方式尤其适合对等局域网使用。在 Windows XP 操作系统中设置映射网络驱器的方法如下。

1）将特定的文件夹设置为"共享"属性。在任何一台计算机中的"我的电脑"图标上单击鼠标右键，在弹出的快捷菜单中执行"映射网络驱动器"命令。打开"映射网络驱动器"对话框，在"驱动器"列表中选择网络驱动器的盘符。在"文件夹"下拉列表中输入共享文件夹的 UNC 路径（也可以单击"浏览"按钮查找共享文件夹），并保证"登录时重新连接"复选框的选中状态。最后单击"完成"按钮，如图 7-1 所示。

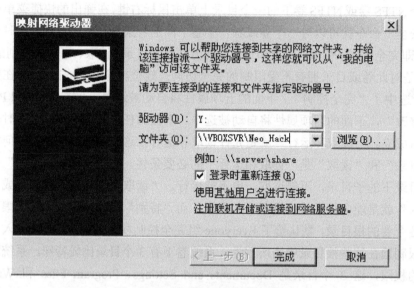

图7-1　设置网络驱动器盘符和路径

2）打开身份验证对话框，分别输入合法的用户名和密码，单击"确定"按钮，如图 7-2 所示。

图7-2　身份验证

完成设置以后就可以在"我的电脑"或"资源管理器"窗口中通过网络驱动器访问指定的共享文件夹了。

2. Windows XP 客户端与 Windows 2003 服务器之间共享

文件服务是局域网中最常用的服务之一，从 Windows NT 开始就随着 Windows Server 家族的不断升级换代而保留至今。在局域网中搭建文件服务器以后，可以通过设置用户对共享资源的访问权限来保证共享资源的安全。那如何利用 Windows Server 2003 在局域网中提供文件服务呢？其实只要搭建一台文件服务器，然后针对不同的共享资源为不同的用户设置相应的访问权限即可。具体实施过程如下。

（1）安装文件服务器

默认情况下 Windows Server 2003 并没有安装"文件服务器"组件，因此，需要用户添加这些组件。

1）执行"开始"→"管理工具"→"管理您的服务器"命令，打开"管理您的服务器"窗口。单击"添加或删除角色"按钮，进入配置向导并单击"下一步"按钮，如图 7-3 所示。

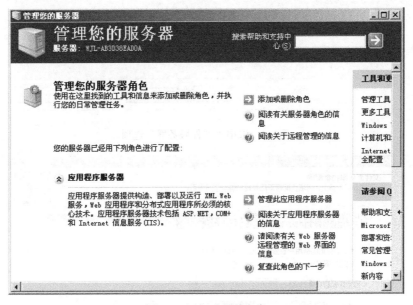

图7-3 添加或删除角色

2）配置向导完成网络设置的检测后，如果是第一次使用该向导，则会进入"配置选项"向导页。这里选择"自定义"配置单选框，并单击"下一步"按钮。

3）打开"服务器角色"对话框，在"服务器角色"列表中选中"文件服务器"选项，并单击"下一步"按钮，如图 7-4 所示。

4）在打开的"文件服务器磁盘配额"对话框中选择"为此服务器的新用户设置默认磁盘空间配额"复选框，然后根据磁盘剩余空间及用户实际需要在"将磁盘空间限制为"和"将警告级别设置为"文本框中输入合适的数值。另外，选择"拒绝将磁盘空间给超过配额限制的用户"复选框，可以禁止用户在其已用磁盘空间达到限额后向服务器写入数据。单击"下一步"按钮，如图 7-5 所示。

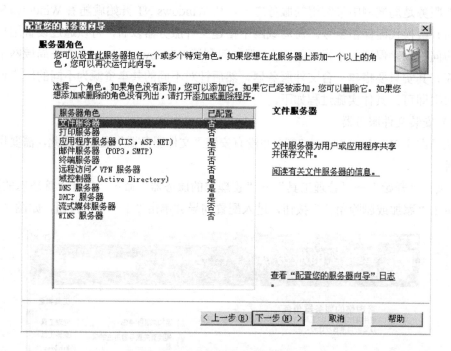

图7-4　选中"文件服务器"选项

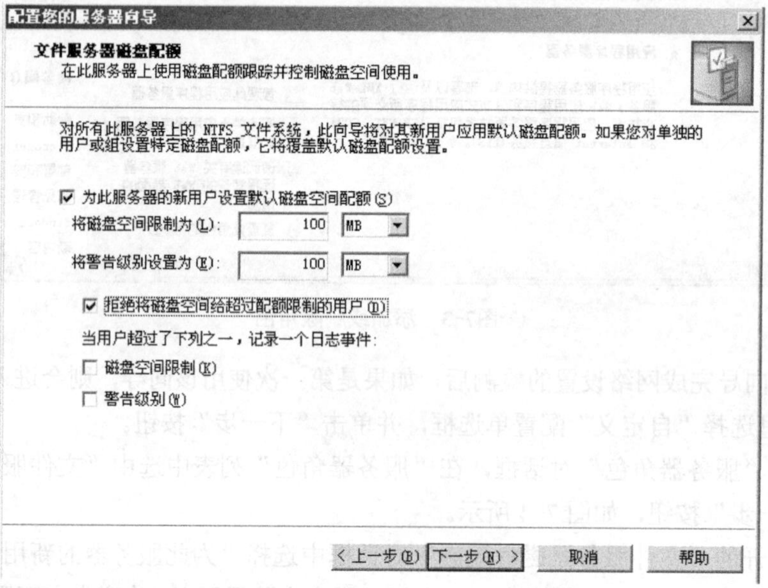

图7-5　设置文件服务器磁盘配额

5）在"文件服务器索引服务"对话框中选中"是，启用索引服务"单选按钮，启用对共享文件夹的索引服务。索引服务对服务器资源的开销很大，建议只有在用户需要经常搜索共享文件夹的情况下才启用该服务，单击"下一步"按钮，如图 7-6 所示。

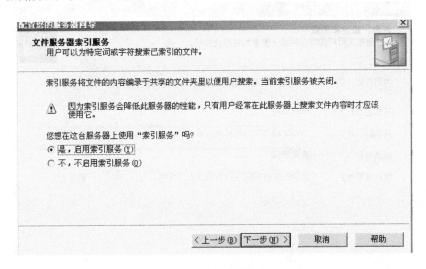

图7-6　启用索引服务

6）打开"选择总结"对话框，确认选项设置准确无误后单击"下一步"按钮。添加向导开始启用所选服务，完成后会自动打开"共享文件夹向导"对话框。单击"下一步"按钮。

7）在打开的"文件夹路径"对话框中单击"浏览"按钮，从本地磁盘中找到准备设置为公共资源的文件夹（如"重要资料"），并依次单击"确定"→"下一步"按钮，如图 7-7 所示。

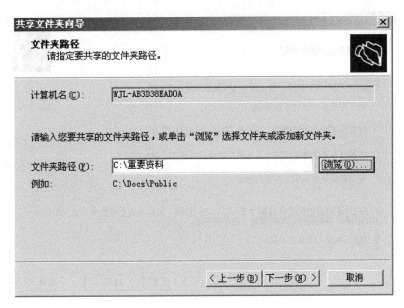

图7-7　设置文件夹路径

8）打开"名称、描述和设置"对话框，在这里设置共享名（如"重要资料"），并输入一句描述该共享的语言。单击"下一步"按钮，如图 7-8 所示。

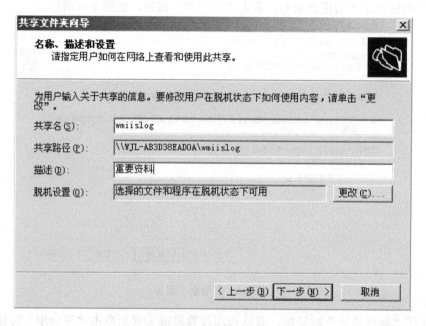

图7-8 设置共享名称

9）在"权限"对话框中单击"管理员有完全访问权限；其他用户有只读访问权限"单选按钮，并依次单击"完成"→"关闭"→"完成"按钮结束设置，如图 7-9 所示。

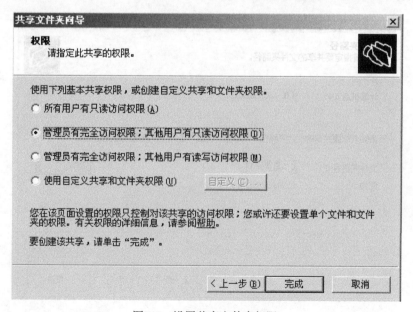

图7-9 设置共享文件夹权限

（2）创建用户账户

搭建文件服务器的目的之一就是要设置用户对共享资源的访问权限，用户需要有合法的账户才能访问这些资源，因此，需要在服务器中创建用户账户。

1）在"我的电脑"图标上单击鼠标右键，在弹出的快捷菜单中选择"管理"命令。打开"计算机管理"窗口，在左窗格中展开"本地用户和组"目录。然后在展开目录中的"用户"文件夹上单击鼠标右键，在弹出的快捷菜单中选择"新用户"命令。

2）打开"新用户"对话框。在相应的文本框中输入用户名和密码，取消"用户下次登录时须更改密码"选项并选择"用户不能更改密码"和"密码永不过期"两个复选框，最后单击"创建"按钮，如图 7-10 所示。

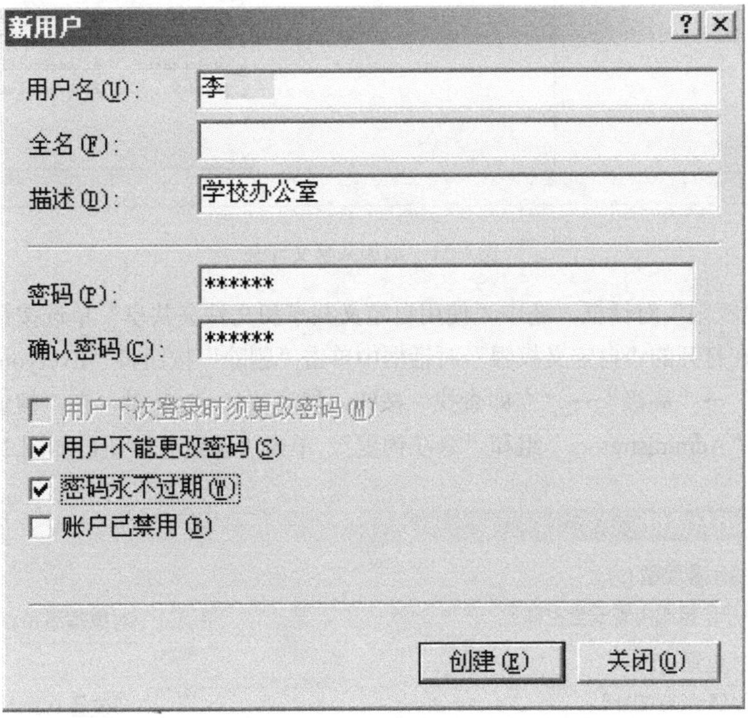

图7-10　创建用户

（3）设置用户访问权限

经过上述设置，现在已经可以访问共享资源了。但如果每个用户都有自己的私人文件夹，并且希望除了管理员组成员和用户本人以外不想让其他用户访问自己的文件夹，这就需要做进一步的设置。

1）执行"开始"→"管理工具"→"文件服务器管理"命令，打开"文件服务器管理"窗口。在右窗格中单击"添加共享文件夹"选项，进入"共享文件夹向导"。依次单击"下一步"→"浏览"按钮，在打开的"浏览文件夹"对话框中找到并选中某位员工的私人文件夹，依次单击"确定"→"下一步"→"下一步"按钮，如图 7-11 所示。

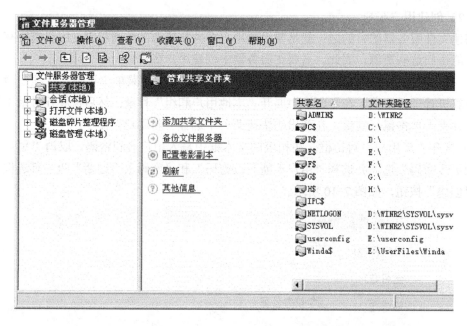

图7-11　添加共享文件夹

2）进入"权限"对话框，选中"使用自定义共享和文件夹共享"单选按钮，并单击"自定义"按钮。在打开的"自定义权限"对话框中单击"删除"按钮将"Everyone"组删除。依次单击"添加"→"高级"→"立即查找"按钮，然后按住<Ctrl>键，在"搜索结果"列表框中找到并选中"Administrators"组和"寒江钓叟"，单击"确定"按钮，如图7-12所示。

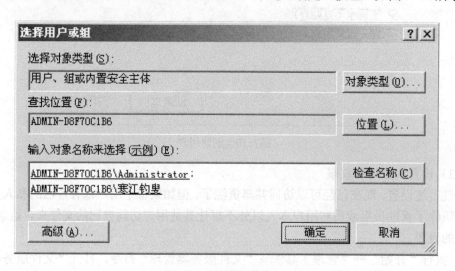

图7-12　选择用户和组

3）回到"自定义权限"对话框，分别为"寒江钓叟的权限"和"Administrators的权限"选择"允许完全控制"复选框，并依次单击"确定"→"完成"→"关闭"按钮。重复上述步骤为其他文件夹设置相应的访问权限，如图 7-13 所示。

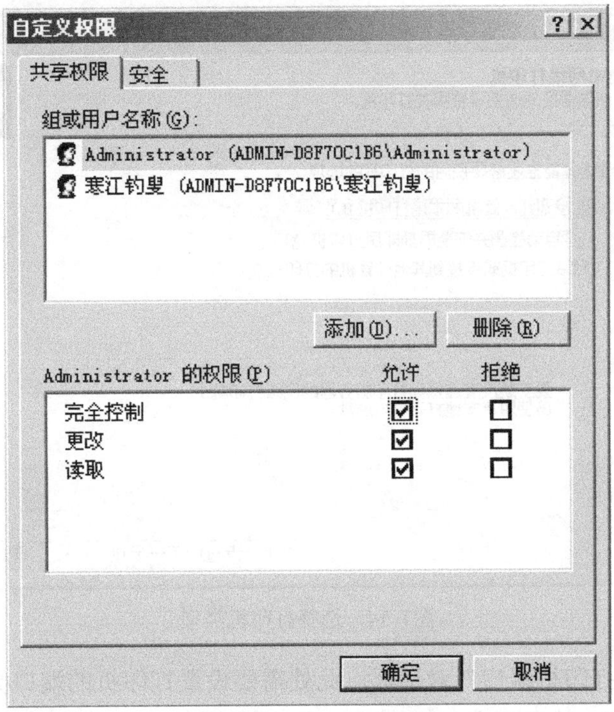

图7-13　设置访问权限

4）验证效果。在 IE 浏览器或"网上邻居"窗口的地址栏中输入 UNC 路径访问"寒江钓叟"文件夹。当提示验证用户身份时输入用户账户"寒江钓叟"和相应的密码，可以发现能够访问"寒江钓叟"文件夹，而提供其他的普通用户账户则不能访问该文件夹，可见文件服务已经完全部署成功。

实训 2　设置共享打印服务

1. Windows XP 主机之间打印共享

（1）先在一台 Windows XP 主机上安装本地打印机

1）执行"开始"→"设置"→"打印机"命令，打开"打印机"文件夹，利用"打印机"文件夹可以管理和设置现有的打印机，也可以添加新的打印机。

2）双击"添加打印机"图标，启动"添加打印机"向导。在"添加打印机"向导的提示和帮助下，用户一般可以正确地安装打印机。启动"添加打印机"向导之后，系统会打开"添加打印机"向导的第一个对话框，提示用户开始安装打印机。

3）单击"下一步"按钮，进入"选择本地或网络打印机"对话框。在这里可以选择打印机的连接方式，保持"连接到这台计算机的本地打印机"单选按钮的选中状态，并单击"下一步"按钮，如图 7-14 所示。

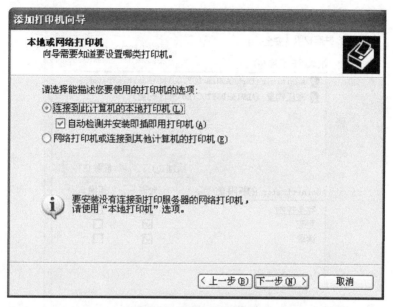

图7-14　选择打印机类型

4）打开"选择打印机端口"对话框，此处需要设置打印机的端口类型。目前办公使用的打印机主要为 LPT（并口）或 USB 端口，其中以 LPT 端口居多。这里所使用的打印机为 LPT 端口，选中"使用以下端口"单选按钮，并在下拉列表中选择"LPT（推荐的打印机端口）"选项，单击"下一步"按钮，如图 7-15 所示。

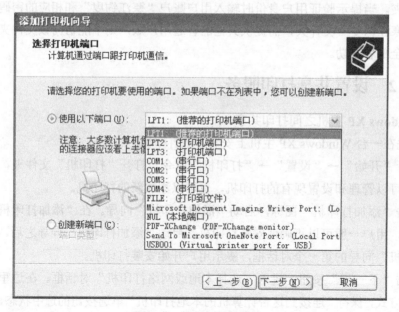

图7-15　选择打印机端口

5）打开"安装打印机软件"对话框，在"厂商"和"打印机"列表中选择合适的打印机型号。如果列表中没有合适的打印机型号，则可以单击"从磁盘安装"按钮，并提供打印机驱动程序安装光盘或指定目录，安装完毕单击"下一步"按钮，如图7-16所示。

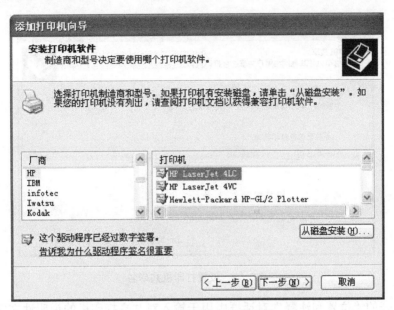

图7-16　选择打印机品牌型号

6）在打开的"命名打印机"对话框中输入一个自定义的打印机名称，建议使用默认名称，单击"下一步"按钮，如图7-17所示。

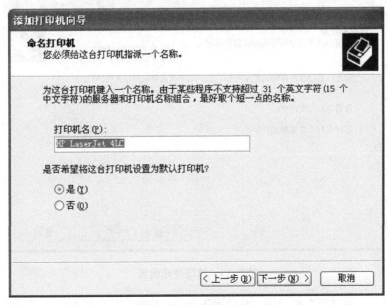

图7-17　设置打印机名称

7）打开"打印机共享"对话框，保持"共享名"单选按钮的选中状态，在文本框中输入一个共享名称（这里为"HPLaserJ"），也可以使用默认名称，但最好使用一个不大于 30个字符的名称，单击"下一步"按钮，如图 7-18 所示。

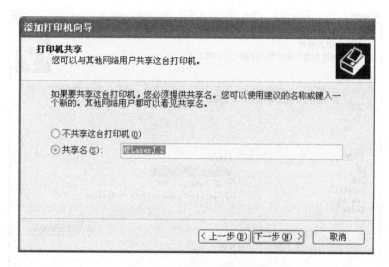

图7-18　设置打印机共享名

8）在打开的"位置和注释"对话框中用于输入对共享打印机的说明性文字，这对用户使用和管理共享打印机很有帮助。分别在"位置"和"注释"文本框中输入合适的文字，单击"下一步"按钮，如图 7-19 所示。

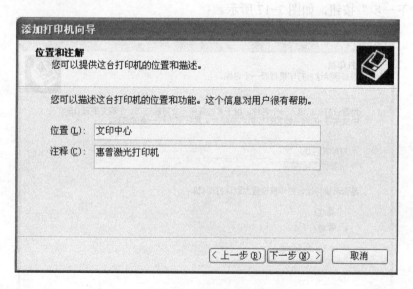

图7-19　填写注释信息

9）打开"打印测试页"对话框，此处用于选择在安装完毕后是否打印测试页，以帮助用户确认打印机安装是否正确。这里选中"否"单选按钮，并单击"下一步"按钮。在打开的"正在完成添加打印机向导"对话框中，取消"重新启动向导，以便添加另一台打印机"复选框的选中状态。单击"完成"按钮，系统开始安装打印机驱动程序，最后单击"完成"按钮完成安装。

（2）安装打印机客户端

打印服务器安装完毕以后，用户可以在作为局域网客户端的计算机中安装共享打印机。安装共享打印机与安装本地打印机的方法基本相同，以 Windows XP 操作系统为例，具体实施步骤如下。

1）执行"开始"→"打印机和传真"命令，打开"打印机和传真"窗口。在左窗格的任务列表中单击"添加打印机"按钮。进入"添加打印机向导"对话框，单击"下一步"按钮。在"本地或网络打印机"对话框中选中"网络打印机或连接到其他计算机的打印机"单选按钮，单击"下一步"按钮，如图 7-20 所示。

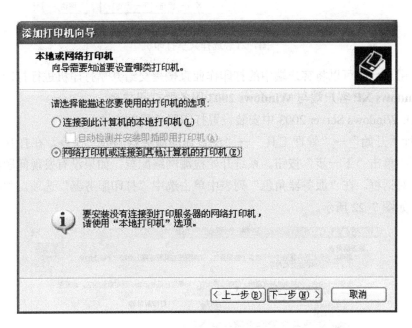

图7-20 选择打印机类型

2）打开"指定打印机"对话框，保持"浏览打印机"单选按钮的选中状态，单击"下一步"按钮。在打开的"浏览打印机"对话框中通过浏览工作组找到并选中网络中设为共享的打印机，单击"下一步"按钮，如图 7-21 所示。

3）在打开的身份验证对话框中输入服务器管理员的用户名和密码，通过验证后提示用户将要安装来自服务器上的打印机驱动程序，单击"是"按钮确认该操作即可。系统开始安装打印机驱动程序，然后在打开的"默认打印机"对话框中选中"是"单选按钮将该共享打印机设置为默认打印机，并依次单击"下一步"→"完成"按钮完成打印机客户端的安装。

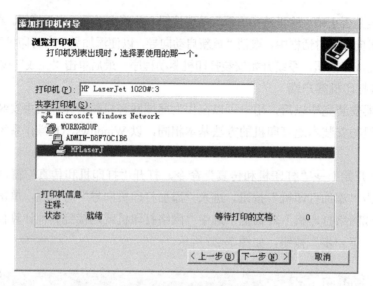

图7-21　选择共享打印机

此时，用户已经可以将客户端中的打印作业直接提交给共享打印机进行打印了。

2．Windows XP 客户端与 Windows 2003 服务器打印共享

（1）在 Windows Server 2003 中安装设置打印服务器的方法

1）执行"开始"→"管理工具"→"配置你的服务器向导"命令，在打开的"预备步骤"对话框中单击"下一步"按钮。系统开始检测网络配置，如果没有发现问题则打开"服务器角色"对话框。在"服务器角色"列表中单击选中"打印服务器"选项，并单击"下一步"按钮，如图 7-22 所示。

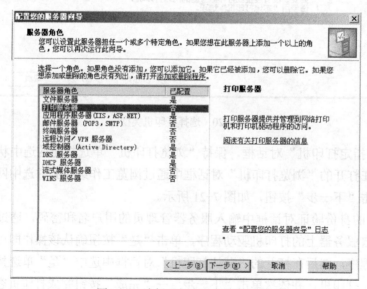

图7-22　选择"打印服务器"选项

2）打开"打印机和打印机驱动程序"对话框，为了使运行不同版本 Windows 操作系统的客户端都能自动安装共享打印机的驱动程序，建议选中"所有 Windows 客户端"单选按钮，并单击"下一步"按钮。接下来将要添加本地打印机，方法与为 Windows XP 操作系统添加本地打印机相同。

与普通的共享打印机相比，部署打印服务最明显的优势就是可以对共享打印机进行更有效的控制和管理，其中最常用的管理项目是打印时间和打印权限。

（2）限制打印时间

1）在打印服务器中打开"打印机和传真"窗口，在共享打印机名称上单击鼠标右键（这里为"HPLaserJet6L"），在弹出的快捷菜单中选择"属性"命令，打开"HPLaserJet6L 属性"对话框。

2）选择"高级"选项卡，选中"使用时间从"单选按钮，并调整起止时间，最后单击"确定"按钮使设置生效，如图 7-23 所示。

图7-23　限制共享打印机使用时间

（3）指派打印权限

在"HPLaserJet6L 属性"对话框中选择"安全"选项卡，在其中可以指派打印机的使用权限。默认情况下，Everyone 组的用户均拥有打印权限，且系统管理员拥有打印、管理打印机和管理文档的权限。以禁止某普通用户使用打印机为例，方法如下。

1）依次单击"添加"→"高级"→"立即查找"按钮，在用户账户列表中选中目标用户（如"寒江钓叟"），并连续单击"确定"按钮返回"HPLaserJet6L属性"对话框。

2）选中"寒江钓叟"账户，在"寒江钓叟的权限"列表中选择"拒绝打印"复选框，并单击"确定"按钮使设置生效，如图7-24所示。

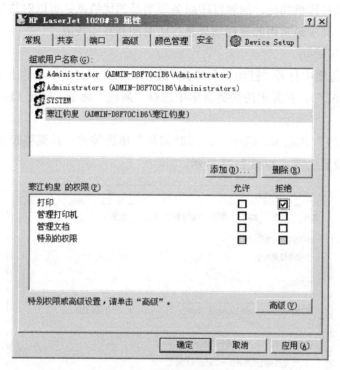

图7-24　指派打印机权限

实训3　管理共享资源

1. 共享资源管理

（1）FAT文件系统中共享资源的设置

1）选择要设置共享属性的文件夹，单击鼠标右键，在弹出的快捷菜单中选择"共享和安全"命令，并在出现的对话框中选择"共享"选项卡。

2）选择"共享该文件夹"，并在"共享名"文本框中输入一个供网络中其他用户访问该资源时使用的名称。在"用户数限制"下方可以选择是否要对该资源进行访问用户数的限制，如果需要则可选择"允许…个用户"，并选择要限制的用户数，否则选择"最多用户"。

3）单击"权限"按钮，用户可在出现的对话框中的"权限"下方列表中设置该资源的共享权限，可以分别对"完全控制""更改"和"读取"设置是"允许"还是"拒绝"。

4）系统默认该资源可共享给网络中所有用户（Everyone）使用，如果用户要指定给其中的部分用户使用，则可单击"添加"按钮，在出现的对话框中选择可共享该资源的用户名。例如，只希望 Users 组中的成员才能访问该资源时，可将它从上面的列表中"添加"到下面的列表中即可。

5）单击"确定"按钮，设置完成。

（2）NTFS 文件系统中共享资源的设置

NTFS 文件系统中共享资源的设置方法与在 FAT 文件系统中基本相同，只是在 NTFS 文件系统中多了一个"安全"选项卡。也就是说，NTFS 上的共享文件夹具有更多的安全策略。通过"安全"的设置，可以添加一些用户或组，也可以删除一些用户或组，对每个用户或组再进行权限的设置。

2．本地用户账户的创建和权限设置

（1）　创建本地用户账户

1）执行"开始"→"程序"→"控制面板"→"管理工具"→"计算机管理"命令，打开"计算机管理"窗口。

2）在左侧控制台树下，展开"系统工具"下的"本地用户和组"，单击"用户"，将会看到右侧用户列表。

3）在"用户"上单击鼠标右键，在弹出的快捷菜单中选择"新用户"命令。

4）在"新用户"对话框中输入新用户信息后，单击"创建"按钮。

5）单击"关闭"按钮完成用户的创建。

（2）对用户账户权限的设置

1）在刚创建的用户上单击鼠标右键，在弹出的快捷菜单中选择"属性"命令。

2）选择"隶属于"选项卡，单击"添加"按钮。

3）单击"高级"按钮，在弹出的对话框中，单击"立即查找"按钮，在其中选择"guests"。此时，该文件夹所具有的权限即是属于来宾组。

小 A 在资源共享设置的工作过程中，体会到局域网共享设置虽然简单，但是其牵涉了网络、权限等若干个细节的问题，必须灵活应用所学到的知识，才能解决共享中出现的问题。

1）当局域网共享失败时，首先要检查主机和共享机的工作组名是否相同、防火墙是否放行、Guest 账户是否禁用、相应的服务是否全部开启等。

2）安装网络打印机驱动程序之前，必须确保打印机服务器正常开启。如果服务器是关机状态，那么客户机将无法添加网络打印机驱动程序。

3）由于有些 GHOST 系统进行了过度精简，系统中禁用了一些服务，导致局域网共享出现问题。换个类似的完整版操作系统安装后，往往共享就正常了。为了企业的信息安全，最好使用正版操作系统的完全安装版本。

　　尝试使用本项目中使用的技术，利用实验室的设备和终端设备，完善一个分三种不同用户等级的共享资源权限设置，分别对应完全控制、可写入可读取、只读三类不同的用户权限等级。

项 目 拓 展

　　尝试利用 Windows 操作系统的 ICS（Internet Connection Sharing，Internet 连接共享）功能完成外出网络连接的共享。

思考与练习

　　教师将课堂任务放在"网络"共享文件夹，教师计算机的 IP 地址为 192.168.0.56，计算机名为"W1"，且教学网络畅通，学生在"运行"对话框输入（　　　　）命令可以找到共享文件夹。

　　A．\\计算机的 IP 地址或计算机名　　　　　B．//计算机的 IP 地址或计算机名

　　C．\\计算机的 IP 地址　　　　　　　　　　D．\\计算机名

项目8 构建无线网络

公司 E 的信息化部门在完善了各种传统网络设施和服务后，为更好地为员工提供便捷的办公平台，又计划在整个工区实施无线全接入的实施。

重点工作区域为各种会议室、办公环境无线布置、特殊终端的接入支持。

主要任务是在工区适当位置增加 AP 接入点，并在特定场合完成特殊的桥接任务。

1. 无线通信概述

WLAN（Wireless Local Area Network，无线局域网）是指以无线信道作为传输媒介的计算机局域网，是有线联网方式的重要补充和延伸，并逐渐成为计算机网络中一个至关重要的组成部分，广泛适用于需要可移动数据处理或无法进行物理传输介质布线的领域。随着 IEEE 802.11 无线网络标准的制定与发展，无线网络技术将更加成熟与完善。

无线局域网是无线网络的一部分，无线网络工作在 OSI 参考模型的下三层。无线局域网工作在 OSI 参考模型的下两层，即数据链路层和物理层，只有无线广域网（Wireless WAN）才具备网络层的功能，如图 8-1 所示。

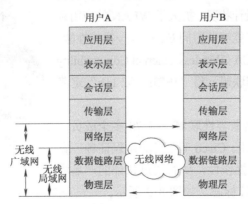

图8-1 无线局域网技术层次模型

2. 无线局域网互联部件

1）无线网卡，与传统的 Ethernet 网卡的差别在于前者传送信息的介质是无线电波，而后者是通过网线。

目前无线网卡的规格包括 2Mbit/s、5Mbit/s、11Mbit/s 和 54Mbit/s 等几种，而其接口可分为 PCMCIA、ISA、PCI、USB 四种界面。

2）无线接入点（Access Point），一般称为网络桥接器，顾名思义即是当作传统的有线局域网络与无线局域网络之间的桥梁，因此，任何一台装有无线网卡的 PC 均可透过 AP 分享有线局域网络甚至广域网络上的资源。

3）无线路由器，即有线路由器集成无线网桥的功能，合二为一（即有线路由器＋AP）。既能实现宽带接入共享，又能轻松拥有无线局域网的功能。

4）天线（Antenna），在无线通信系统中，与外界传播媒介的接口是天线系统。

3. IEEE 802.11 无线标准概述

作为全球公认的局域网权威，IEEE 802 工作组建立的标准在局域网领域独领风骚。这些协议包括 802.3 Ethernet 协议、802.5 Token Ring 协议、802.3z 100BASE-T 快速以太网协议等。在 1997 年 6 月，经过了 7 年的工作以后，IEEE 发布了 802.11 协议，这也是在无线局域网领域内的第一个国际上被认可的协议。

（1）IEEE 802.11b 标准

802.11 是 IEEE 最初制订的一个 WLAN 标准，主要用于解决办公室局域网和校园网中用户与用户终端的无线接入，业务主要限于数据访问，速率最高只能达到 2Mbit/s。由于它在速率和传输距离上都不能满足人们的需要，所以 802.11 标准很快被 802.11b 取代。1999 年 9 月，802.11b 被正式批准。该标准规定 WLAN 工作频段为 2.4～2.4835GHz，数据传输速率达到 11Mbit/s，传输距离控制在 50～150ft。该标准是对 802.11 的一个补充，采用补偿编码键控调制方式，采用点对点模式和基本模式两种运作模式，在数据传输速率方面可以根据实际情况在 11Mbit/s、5.5Mbit/s、2Mbit/s、1Mbit/s 的不同速率间自动切换，它改变了 WLAN 的设计状况，扩大了 WLAN 的应用领域。利用 802.11b，移动用户能够获得同 Ethernet 一样的性能、网络吞吐率、可用性。WECA（Wireless Ethernet Compatibility Alliance，无线以太网兼容联盟）将"IEEE 802.11b"定名为"Wi-Fi"。

WECA 是无线以太网兼容性联盟，有 70 多个成员，包括 3COM、Symbol、Dell、Cisco 等，目的是保证各厂家的所有 802.11b 产品的互操作性，所有通过认证的产品将颁发 Wi-Fi 证书，贴 Wi-Fi 标志，如图 8-2 所示。

图8-2　Wi-Fi示意

Wi-Fi 代表 Wireless Fidelity，无线相容性认证。目前有 40 多个厂家的 100 多种产品通过了 Wi-Fi 认证，因此，它们之间的互操作将得到保证。也就是说，贴有 Wi-Fi 标志的不同厂家的无线局域网产品可以混合使用。

（2）IEEE 802.11a 标准

1999 年 802.11a 标准制订完成，该标准规定 WLAN 工作频段为 5.15～5.825GHz，数据传输速率达到 54Mbit/s，传输距离控制在 10～100 m。该标准也是 802.11 的一个补充，扩充了标准的物理层，采用 OFDM（Orthogonal Frequency Division Multiplexing，正交频分复用）的独特扩频技术和 QPSK（Quadrature Phase Shift Keying，正交相移键控）调制方式，可提供 25Mbit/s 的无线 ATM 接口和 10Mbit/s 的以太网无线帧结构接口，支持多种业务，如话音、数据和图像等，一个扇区可以接入多个用户，每个用户可带多个用户终端。

IEEE 802.11a 标准（支持的最高速率为 54Mbit/s）是类似于 802.11b 标准（支持的最高速率是 11Mbit/s）的快速以太网，只是使用不同的物理层编码方案和不同的频段。目前 2.4GHz 的 ISM 频带比较拥挤，且带宽比较窄（83MHz），因此，802.11a 选择工作在 5GHz 的 ISM 频带。

（3）IEEE 802.11g 标准

2003 年 6 月 12 日，IEEE 正式推出 802.11g 标准，7 月 28 日，通过 Wi-Fi 认证的 802.11g 产品上市。最新批准的 802.11g 有两个最为主要的特征，即高速率和兼容 802.11b。高速率是由于其采用正交频分复用调制技术可得到高达 54Mbit/s 的数据通信带宽；兼容 802.11b 是由于其仍然工作在 2.4GHz，并保留了 802.11b 所采用的补偿编码键控技术，采用了一个"保护"机制，可与 802.11b 产品保持兼容。

（4）IEEE 802.11n

2004 年 1 月，IEEE 宣布成立了一个 n 小组，来研究下一代高速无线局域网标准 802.11n。按照 IEEE 的规划，11n 标准产品将拥有高达 540Mbit/s 的传输速率。

为了达到更高的速率，人们发明了一项名为 "MIMO"（Multiple Input Multiple Output，多输入多输出）的新技术。网络资料通过多重切割之后，经过多重天线进行同步传送。无线信号在传送的过程中，为了避免发生干扰，会走不同的反射或穿透路径，因此，到达接收端的时间会不一致。为了避免资料不一致而无法重新组合，接收端会同时具备多重天线接收，然后利用 DSP 重新计算的方式，根据时间差，将分开的资料重新作组合，然后传送出正确且快速的资料流，如图 8-3 所示。

802.11n 专注于高吞吐量的研究，计划将无线局域网的传输速率从 802.11a 和 802.11g 的 54Mbit/s 增加至 108Mbit/s 以上，最高速率可达 320Mbit/s 甚至 500Mbit/s。以这样的传输速率，支持高质量的语音、视频传输，已经不成问题。在覆盖范围方面，它采用智能天线技术，通过多组独立天线

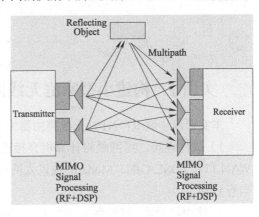

图8-3　MIMO技术图示

组成的天线阵列，可以动态调整波束，可以保证无线局域网用户接收到稳定的信号，也能够减少其他信号的干扰。这样高的速率当然要有技术支撑，而 OFDM 技术、MIMO（多入多出）技术正是关键。

802.11n 的覆盖范围比 802.11g 大 4 倍，使移动性大大提高。在兼容性方面，802.11n 采

用了一种软件无线电技术，它是一个完全可编程的硬件平台，使得不同系统的基站和终端，都可以通过这一平台的不同软件实现互通和兼容，这使得无线局域网的兼容性得到极大改善。这意味着 802.11n 不但能实现向前后兼容，而且可以实现无线局域网与无线广域网络如与 3G 网络的结合。

4．中国无线网络标准

基于现行的国际无线网络标准 IEEE 802.11 由于在安全性方面存在问题，为了更好地保证国内无线网络的健康发展，中国标准化管理局在 2003 年 5 月 12 日提出了我国的无线网络标准 GB 15629.11—2003。GB 15629.11—2003 在很多方面与 802.11 都极其相近，但有一个关键性的差别：前者使用的是一种名为"无线局域网鉴别与保密基础架构（WAPI）"的安全协议，而后者则采用"有线加强等效保密（WEP）"的安全协议。为了解决目前 WLAN 的安全问题，国家标准将要求用 WAPI 协议取代 IEEE 802.11 标准中先天不足的 WEP 协议。

我国的无线局域网国家标准分别是无线局域网媒体访问控制和物理层及其扩展的基础性技术规范和它的一项扩展应用技术规范——GB 15629.11—2003《信息技术系统间远程通信和信息交换局域网和城域网特定要求第 11 部分：无线局域网媒体访问（MAC）和物理（PHY）层规范》与 GB 15629.1102—2003《信息技术系统间远程通信和信息交换局域网和城域网特定要求第 11 部分：无线局域网媒体访问（MAC）和物理（PHY）层规范：2.4GHz 频段较高速物理层扩展规范》。分别对应于国际标准 802.11 和 802.11b。这两项国家标准是在原则采用国际标准 ISO / IEC 8802.11 和 ISO / IEC 8802.11b 的前提下，在充分考虑和兼顾无线局域网产品互联互通的基础上，针对无线局域网的安全问题，给出了技术解决方案和规范要求。

实训 1　构建小型家庭无线网络

本实训以华硕 RT-N10+无线路由器为例介绍家庭无线网络的具体配置方法。

1）硬件连接。用网线将计算机直接连接到路由器 LAN 口，再用另一根网线将路由器 WAN 口和 xDSL/Cable Modem 或以太网相连，如图 8-4 所示。之后连接好电源，路由器将自行启动。

2）路由器设置。打开网页浏览器，在浏览器的地址栏中输入路由器的 IP 地址 192.168.1.1（其他品牌路由器可能是 192.168.0.1，具体查阅路由器使用说明），将会看到如图 8-5 所示的登录对话框，输入用户名和密码（用户名和密码的出厂默认值一般均为 admin），单击"确定"按钮。

浏览器会弹出如图 8-6 所示的设置向导。

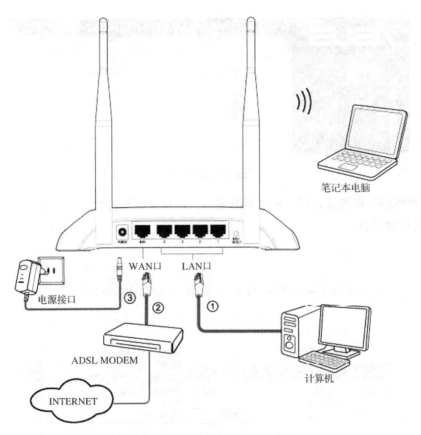

图8-4　无线路由硬件安装示意图

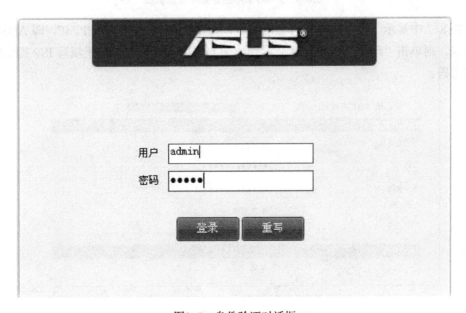

图8-5　身份验证对话框

图8-6　设置向导

3）广域网络连接模式设置。单击网络设置，选择广域网将看到如图 8-7 所示的广域网络连接模式设置页面。

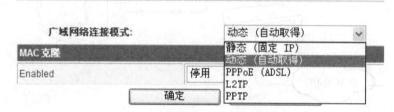

图8-7　广域网络连接模式设置页面

在图 8-7 中显示了最常用的几种上网方式，如果选择上网方式为 PPPoE，即 ADSL 虚拟拨号方式，则单击“确定”按钮，就会看到如图 8-8 所示的页面，这里填写 ISP 提供的上网账号和密码。

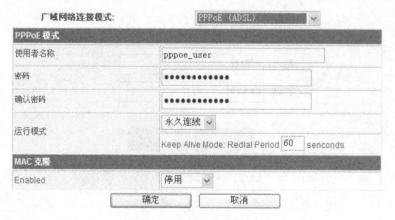

图8-8　设置上网方式—PPPoE

上网账号和密码填写完成后，单击"确定"按钮，将看到如图 8-9 所示的保存配置页面，路由器重启后完成广域网设置。

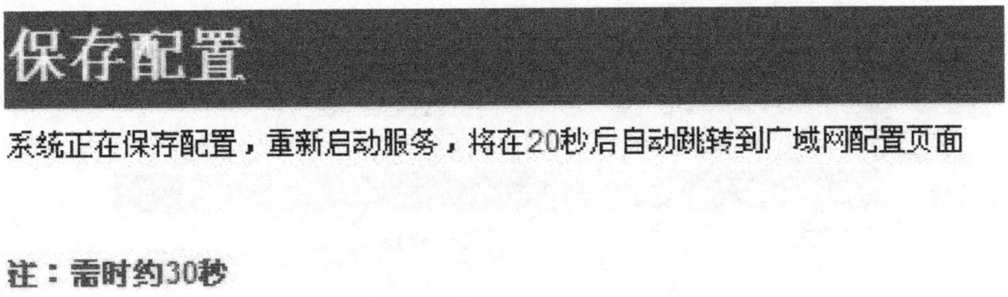

图8-9 保存配置页面

4）无线网络设置。在图 8-6 所示的设置页面单击"无线网络设置"，选择"基本无线网络参数"，将看到如图 8-10 所示的基本无线网络参数设置页面。

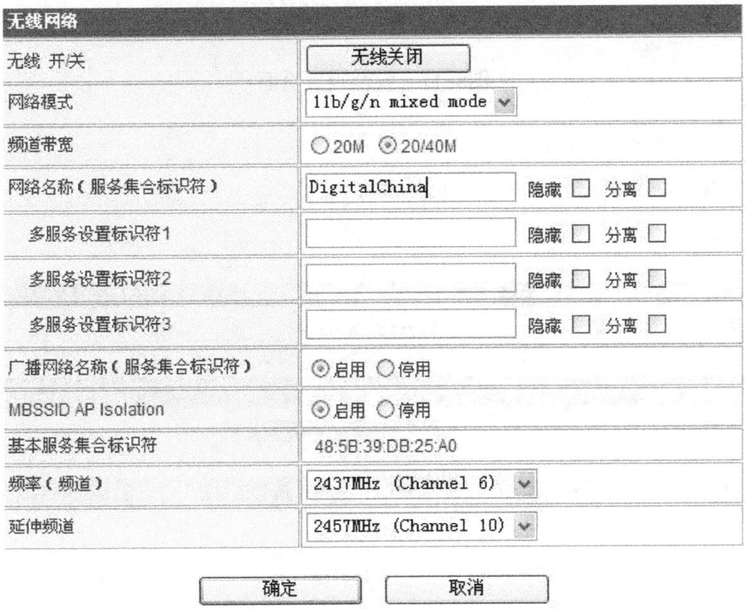

图8-10 基本无线网络参数设置页面

在"网络名称"文本框中可更改字符串来标识无线网络，这里把它更改为"DigitalChina"，单击"确定"按钮重启路由器完成无线网络基本参数设置。

5）安全设置。完成无线网络基本参数设置后，选择"安全设置"，将看到如图 8-11 所示的安全设置页面，可以根据需要，选择不同的路由器无线网络加密方式。在此选择"Open"，将看到如图 8-12 所示的设置 WEP 密钥页面。设置 64 位密钥时，支持两种密码格式：5 个字符 ASCII 或 10 个十六进制数字；设置 128 位密钥时，支持两种密码格式：13 个字符 ASCII 或 26 个十六进制数字。

安全设置

设置无线网络的安全/加密以防止未被授权的存取与监听。

图8-11　安全设置页面

安全设置

设置无线网络的安全/加密以防止未被授权的存取与监听。

选择服务集合标识符			
服务集合标识符的选定	DigitalChina ∨		

"DigitalChina"			
安全模式	Open ∨		

有线等效保密（WEP）			
默认密钥	密钥 1 ∨		
WEP密钥	WEP密钥 1：	123456789	Hex ∨
	WEP密钥 2：		Hex ∨
	WEP密钥 3：		Hex ∨
	WEP密钥 4：		Hex ∨

访问策略			
功能	停用 ∨		
新增：			

(The maximum rule count of all SSID is 40.)

确定　　　取消

图8-12　设置WEP密钥页面

设置完成后，单击"确定"按钮，重启无线路由器使设置生效。

以上步骤完成后，可以进行客户端的无线网络连接，只有输入对应的密钥，才能接收连接请求，如图 8-13 和图 8-14 所示。这样就可以使非法用户不能与无线网络连接，确保了无线网络的安全。

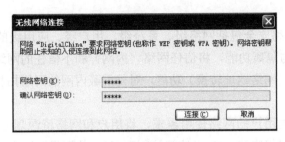

图8-13　无线网络安全连接过程

图8-14　安全连接状态

实训 2　构建中型企业无线网络

企业信息化的基础是企业网，企业都在致力于建设一个高速、安全、可靠、可扩充的网络系统，以实现企业内信息的高度共享、传递，大大提高工作效率；为了实现对外信息的交流，还需要建立出口通道，实现接入互联网，可以方便地进行资料查询。使用无线组网的技术，就可以在公司内部架构起无线局域网，使得办公区、会议室、会客室、展示厅及休息区都可以移动上网，为移动办公创造了条件。

本实训以凯迪克酒店为例学习中等企业无线网络建设方案。

1. 实训背景

凯迪克大酒店 1995 年开业，楼高 23 层，共有房间 367 间套，标准间面积约 $25m^2$。酒店坐落在环境幽雅、交通便捷的亚运村，与国际会议中心、北京康乐宫、北辰购物中心、奥体中心等现代化设施，完整地构成了科技、家居、娱乐为一体的亚运村黄金地带。

为了满足顾客多种网络终端接入的需求，给入住顾客提供便捷多样的网络体验，提升酒店服务形象，酒店决定对 4～21 层的客房做 WLAN 覆盖。

需要覆盖的 4～21 层中，其中 4～15 层面积较大，每层大约有 36 间，有标准间和套房；16～21 层较小，每层大约 11 间，基本为标准间。

2. 用户需求

1）高带宽。网络应用正从传统的、简单的以数据共享、网页浏览、电子邮件服务等数据处理为中心的数据承载过渡到以多媒体流（多媒体、实况网上视频转播、VOD 点播、视频会议等）处理为中心的多业务应用网络。

通过调研并遵循网络建设先进性原则，建议采用符合 802.11b/g/n 300Mbit/s 的无线 AP，即 DCWL—7942AP（R3），此标准 AP 网络接入带宽在 300Mbit/s 左右，可满足应用带宽要求。

2）无缝覆盖。要求无线网络覆盖区域信号稳定，无信号盲区，数据在不同 AP 间切换无掉线，无明显延迟。

3）网络安全。网络安全包括网络级、系统级、用户级、应用级的安全。在网络级，需要利用防火墙的过滤与隔离功能，将信任网络（内网）和不信任的网络（外网）隔离开来，并利用防火墙的 NAT（网络地址转换）功能，对外屏蔽内网的网络拓扑信息，从而避免网络受到外来攻击。

在网络内部，根据用户的网络使用需求，将用户和网络资源划分为不同的 VLAN，在 VLAN 间根据需求启用相应的 ACL（访问控制列表），从而保证用户的物理隔离和资源访问的安全。

4）网络服务质量。网络中承载着各种业务，这些业务由于其自身特点和实现方式都对网络资源有不同的要求（带宽、时延、抖动等），网络基础设施必须能够识别不同的业务并进行区分服务。

5）用户管理。用户接入认证的需求，保证合法的用户接入和对网络资源安全使用；对用户带宽进行控制的需求，能对用户的带宽进行控制。

6）可扩展性。网络必须能够扩展以适应用户以及业务的发展并保护用户的投资。

3. 无线网络设计方案

1）总体设计原则。旨在打造一个"高性能、高安全、可管理、可升级"的无线网络。

2）总体设计规划。遵循以上无线网络建设原则，根据实际需求，建议采用 DCWS—6028 集中无线控制器和 DCWL—7942A（R3）300Mbit/s IEEE 802.11n 智能无线 AP 对酒店实现 WLAN 覆盖。

3）总体拓扑图，如图 8-15 所示。

DCWL—7942AP（R3）通过千兆网线与楼层交换机连接。DCWS—6028 通过千兆链路连接到网络中的核心交换机上，对无线网络作统一管理。

DCWS—6028 对整个无线网络系统进行统一管理，可根据实际环境对 AP 实现动态的射频规划。可检测网络中的非法 DHCP 服务器。可检测非法 AP 和恶意无线终端并生成日志，网管人员可根据情况对非法 AP 和恶意终端进行抑制，保护网络。

DCWS—6028 有线无线一体控制器可旁挂在核心交换机上对整个无线网络进行统一管理，不需要改变酒店原有网络拓扑。DCWS—6028 支持链路聚合和万兆端口，只需作简单配置或者增加万兆模块就可以轻松实现链路扩容。

DCWS—6028 为 19 in 1U 可上机架设计，可方便地安装在核心机房的机架上，符合核心机房建设标准。

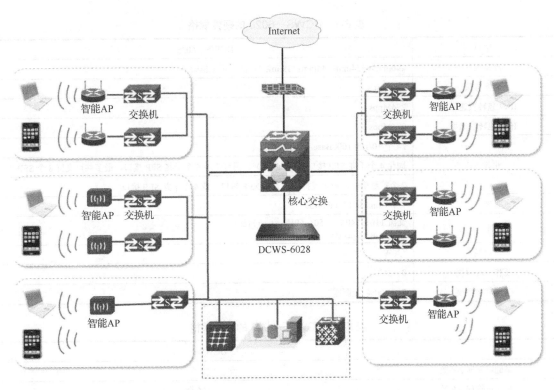

图8-15　凯迪克酒店无线网络拓扑图

4）整体无线网络系统设计。

凯迪克酒店此次无线网络系统建设是在原有有线网络的基础之上进行，因此，方案设计要尽量少改变原有网络拓扑结构和布线系统。

AP方面，安装在楼道的AP直接通过上行千兆以太网线与现有的楼层交换机连接。除了AP到楼层交换机的布线之外不需要额外增加接入汇聚的垂直布线。

无线控制器方面，DCWS—6028 有线无线一体智能控制器安装在核心机房，通过千兆链路旁挂在中心机房的核心交换机上即可。不会对原有核心机房的网络结构和布线作任何更改。

4. 无线网络设备主要性能指标

1）无线控制器设备。

设备概述。DCWS—6028 有线无线智能一体化控制器（AC，Access Controller）是神州数码网络（以下简称DCN）最新推出的盒式高性能万兆上联智能无线控制器，如图 8-16 所示。它专为中型无线网络环境设计，配合 DCN 智能无线 AP，组成集中管理的多媒体无线局域网解决方案。

设备规格，见表 8-1 和表 8-2。

图8-16　DCWS—6028有线无线
智能一体化控制器

表 8-1　DCWS—6028 的硬件规格

项目	DCWS—6028
产品尺寸	440mm×324mm×44mm；19 in，1U 高，可上机架
交换容量	368Gbit/s
IPv4 包转发速率	274Mpps
Ipv6 包转发速率	274Mpps
业务端口	24 个 10/100/1000Base-T
	固化 4 个千兆 SFP 接口（ComboG），另可扩展 4 个千兆 SFP 接口，最多共可支持 8 个 SFP
	2 个扩展槽位，最多支持 4 个万兆 XFP 端口，或 4 个千兆 SFP 接口
管理端口	1 个 Console 口（RJ-45）
电源	交流 110~240V　　50~60Hz　（+/-3Hz） 直流 RPS（-48V）
功耗	130W
工作环境温度	0~55℃
工作环境湿度	5%~90% 无凝露

表 8-2　DCWS—6028 的软件规格

项目	DCWS—6028
基础可管理 AP 数	32 台
最大可管理 AP 数	256 台
AC 集群管理数	64 台
AP 升级步长	32/64 两种
最多无线并发用户数	10 000 个
VLAN	4K
ACL	4K
MAC 地址表	32K
ARP 表	16K
用户漫游切换时间	小于 30ms
二层协议规范	IEEE 802.3（10Base-T）、IEEE 802.3u（100Base-TX）、IEEE 802.3z（1000BASE-X）、IEEE 802.3ab（1000Base-T）、IEEE 802.3ae（10Gbase-T） IEEE 802.3ak（10GBASE-CX4）、IEEE 802.1Q（VLAN） IEEE 802.1d（STP）、IEEE 802.1W（RSTP）、IEEE 802.1S（MSTP） IEEE 802.1p（COS） IEEE 802.1x（Port Control）、IEEE 802.3x（流控） IEEE 802.3ad（LACP）、Port Mirror IGMP Snooping、MLD Snooping QinQ、GVRP，PVLAN 广播风暴控制
三层协议规范	Static Routing RIPv1/v2、OSPF、BGP、VRRP、IGMP v1/v2/v3 ARP、ARP Proxy PIM-SM、PIM-DM、PIM-SSM MPLS 转发，LDP，访问公网

（续）

项目	DCWS—6028
无线协议规范	802.11, 802.11a, 802.11b, 802.11g, 802.11n, 802.11d, 802.11h, 802.11i, 802.11e, 802.11k
CAPWAP 协议	AP 和 AC 之间支持 L2/L3 层网络拓扑
	AP 可以自动发现可接入的 AC
	AP 可以自动从 AC 更新软件版本
	AP 可以自动从 AC 下载配置
漫游	支持 AC 内漫游
	支持跨 AC 漫游
	支持 Key cache 快速漫游
IPv6	IPv4/v6 双栈、手工隧道、ISATAP、6to4 隧道、IPv4 over IPv6 隧道、DHCPv6、DNSv6、ICMPv6、ACLv6、TCP/UDP for IPv6、SOCKET for IPv6、SNMP v6、ping /traceroute v6、RADIUS、Telnet/SSH v6、FTP/TFTP v6、NTP v6、IPv6 MIB support for SNMP、VRRP for IPv6、IPv6 QoS、静态路由、OSPFv3
业务流转发方式	分布转发方式
	集中转发方式
	本地转发方式
安全认证	MAC 地址认证
	802.1x 认证（EAP-TLS, EAP-TTLS, EAP-PEAP, EAP-MD5）
	支持 Captive Portal 认证，且支持 Captive Portal 界面客户自定义*
AAA	Radius Client
	支持认证服务器多域配置
	支持本地 Radius 认证服务器
	支持 Portal 认证服务器
	支持备份认证服务器
	支持 SSID 和用户账号的绑定
	支持 DCN 认证计费管理系统 （DCSM），实现有线、无线一体化认证
802.11 安全和加密	支持多 SSID（最多 64 个）
	支持隐藏 SSID
	支持 802.11i 标准（含 802.1x 认证和 PSK 认证）
	支持 WEP （WEP64/WEP128/WEP152）、WPA、WPA2 标准
	支持 TKIP
WIDS/WIPS	支持黑、白名单
	支持对无线非法设备的监测和定位
	支持对非法 DHCP server 的监测
	支持 DoS 攻击防护
	支持密码恶意猜测保护功能
用户管理	支持基于 MAC 地址的用户访问控制（ACL）
	支持基于 IP 地址的用户访问控制（ACL）
	相同 SSID 下的用户隔离

（续）

项目	DCWS—6028
用户管理	基于 SSID 的带宽限速
	基于 SSID 的接入控制
	基于用户的 QoS 和 DiffServ
射频管理	支持国家代码设置
	支持手动/自动设置发射功率
	支持手动/自动设置工作信道
	支持自动调整传输速率
	支持黑洞补偿
	支持基于用户数的 AP 负载均衡
	支持基于流量的 AP 负载均衡
	支持无线射频干扰监测和规避
	支持 11n 优先 RF 策略
	支持 AP 上网时间段设置策略
	支持无线客户端 5GHz 优先接入 RF 策略
QoS	支持 WMM（802.11e）
	支持基于用户和 SSID 的速率限制
	支持 VoIP
可靠性	多 AC 备份 （1+1, N+1, N+N）
	双 AC 之间快速切换
	双电源
网络管理	支持 Web 管理
	支持 Console 口配置
	SNMP v1/v2c/v3
	Syslog
用户接入管理	支持 Telnet 登录
	支持 SSH 登录

说明：标识为*表示未来可通过软件升级支持。

2）无线 AP 设备。

设备概述。DCWL—7942 智能无线接入点 AP（Access Point）是 DCN 最新推出的为行业用户推出的新一代基于 802.11n 标准的高性能千兆无线接入点设备，如图 8-17 所示。它可提供相当于传统 802.11a/b/g 网络 6 倍以上的无线接入速率，能够覆盖更大的范围。DCWL—7900AP 系列 AP 上行接口采用千兆以太网接口接入，突破了百兆以太网接口的限制，使无线多媒体应用成为现实。

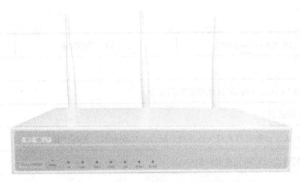

图8-17 DCWL—7942智能无线AP

设备规格，见表 8-3。

表 8-3 DCWL—7942 的产品规格

项目	DCWL—7942AP	DCWL—7952AP	DCWL—7962AP
IEEE 802.11a/b/g/n	支持 11b/g/n	双频设计，可支持 802.11a 或 802.11b/g/n	双路双频设计，可支持 802.11a/n 和 802.11b/g/n 同时工作
工作频段	802.11b、802.11g、802.11n: 2.412 0～2.472 5GHz		
	802.11a/n: 5.725～5.850GHz		
发射功率	100mW （20dBm）	100mW （20dBm）	100mW （20dBm）
功率可调	支持	支持	支持
AP 接入速率	802.11n: 20MHz BW: 6,5, 7.2, 13, 14.4, 19.5, 21.7, 26, 28.9, 39, 43.3, 52, 57.8, 58.5, 65, 72.2, 78, 86.7, 104, 115.6, 117, 130, 144Mbit/s 40MHz BW: 13.5, 15, 27, 30, 40.5, 45, 54, 60, 81, 91, 108, 120, 121.5, 135, 140, 150, 162, 180, 216, 240, 243, 270, 300Mbit/s		
	802.11g: 54, 48, 36, 24, 18, 12, 11, 9, 6, 5.5, 2, 1Mbit/s		
	802.11b: 11, 5.5, 2, 1Mbit/s		
	802.11a: 54, 48, 36, 24,18, 12, 9, 6Mbit/s		
虚拟 AP（BSSID）	16WLANs/频道		
漫游	支持跨 AP 快速漫游		
IPv6	支持		
ACL	支持		
带宽限制	支持		
负载均衡	支持基于用户数的负载均衡 支持基于用户流量的负载均衡		
加密	支持 WEP（WEP64，WEP128）加密，WPA，802.11i		
用户隔离	支持 AP 二层转发抑制		
	支持虚拟 AP（多 SSID）之间的隔离		
IGMP snooping	支持		
SSID 隐藏	支持		

（续）

项目	DCWL—7942AP	DCWL—7952AP	DCWL—7962AP
MAC 地址过滤	支持		
认证	支持 802.1x 认证（与 DCN 无线控制器配合）		
	MAC 地址认证		
	与 DCN 认证计费管理系统（DCSM）配合，实现有线、无线一体化认证		
AP 间切换	支持，同时支持链路完整性特性		
AP 切换依据	根据信号强度、误码率、RSSI、S/N、邻近 AP 是否正常工作等		
IPv6	支持		
QoS	支持 WMM（802.11e）		
	支持软件优先级队列（4 级）		
	流量限制		
	流分类（语音，视频，最佳性能，背景）		
VLAN	802.1Q		
省电模式	支持		
网络管理	SNMP，CLI（Telnet），SSH HTTP/HTTPs DCN 有线无线一体化智能无线控制器 HTTP/TFTP 升级 AP 软件		
维护方式	支持本地维护，远端维护		
日志功能	支持本地日志、Syslog、日志文件导出		
告警功能	支持		
故障检测	支持		
统计信息	支持		
Watch dog	支持		

项 目 小 结

任务完成后，负责此项目实施的刘工对整个项目做了一个总结，对每个会议室和要求进行无线上网的地点的网络覆盖情况进行了介绍。因为前期规划公司网络时并没有考虑无线网络的部署，所以在实际施工的过程中，出现了一些突发状况，比如，会议室里缺少电源插口，导致 AP 无法直接安装在会议室内部，只能采用迂回的策略。

巩固提高

无线组网的一个关键问题就是安全性的保障，除了本项目中使用的方式之外，还有哪些可以用于无线组网的安全性设置？请尝试使用实训设备进一步完善。

 项 目 拓 展

请比较使用 3G 无线网卡和普通无线网卡两种方式上网的技术模式有何不同，并尝试为终端安装两种以上的无线上网设置。

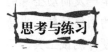 思考与练习

无线局域网的标准有哪些？它们之间有什么关系？

项目9　使用常用的网络命令

网络管理员经常受到网络故障的困扰。网络和单机最大的不同就是其牵一发而动全身的特性，一台单机上的问题很可能映射到网络中的某个环节，甚至破坏全部的网络运转。当局域网络发生故障时解决方案可能涉及很多方面，甚至国外已经有了相关的硬件测试工具，不过价格昂贵，而且只有在专业公司才有。采用几种 Windows XP/ Windows 2003 操作系统中内置的网络测试工具是最实用的。对于大多数的 TCP/IP 软件问题，用几种简单、实用的工具就足以解决。

网络故障排查方法概述

诊断网络故障的过程应该沿着 OSI 七层模型从物理层开始向上进行。首先检查物理层，然后检查数据链路层，以此类推，设法确定通信失败的故障点，直到系统通信正常为止。

网络诊断可以使用包括局域网或广域网分析仪在内的多种工具：路由器诊断命令；网络管理工具和其他故障诊断工具。设备厂商提供的工具足以胜任排除绝大多数网络故障。常见的网络故障类型有连通性故障、协议故障和配置故障。

（1）连通性故障

1）连通性故障通常表现的几种情况。

①计算机无法登录到服务器。

②计算机无法通过局域网接入互联网。

③计算机在"网上邻居"中只能看到自己，而看不到其他计算机，从而无法使用其他计算机上的共享资源和共享打印机。

④计算机无法在网络内实现访问其他计算机上的资源。

⑤网络中的部分计算机运行速度异常缓慢。

2）故障原因。

以下原因可能导致连通性故障。

①网卡未安装，或未安装正确，或与其他设备有冲突。

②网卡硬件故障。

③网络协议未安装或设置不正确。

④网线、跳线或信息插座故障。

⑤Hub 电源未打开，Hub 硬件故障，或 Hub 端口硬件故障。

⑥UPS 电源故障。

3）排除方法。

①确认连通性故障。当出现一种网络应用故障时，如无法接入互联网，则首先尝试使用其他网络应用，如查找网络中的其他计算机，或使用局域网中的 Web 浏览等。其他网络应用可正常使用，虽然无法接入互联网，却能够在"网上邻居"中找到其他计算机，或可 ping 到其他计算机，即可排除连通性故障原因。如果其他网络应用均无法实现，则继续下面操作。

②看 LED 灯判断网卡的故障首先查看网卡的指示灯是否正常。正常情况下，在不传送数据时，网卡的指示灯闪烁较慢，传送数据时，闪烁较快。无论是不亮，还是长亮不灭，都表明有故障存在。如果网卡的指示灯不正常，则需关掉计算机更换网卡。对于 Hub 的指示灯，凡是插有网线的端口，指示灯都亮。由于是 Hub，所以指示灯的作用只能指示该端口是否连接有终端设备，不能显示通信状态。

③用 ping 命令排除网卡故障。ping 本地的 IP 地址或计算机名（如 ybgzpt），检查网卡和 IP 网络协议是否安装完好。如果能 ping 通，则说明该计算机的网卡和网络协议设置都没有问题。问题出在计算机与网络的连接上。因此，应当检查网线和 Hub 及 Hub 的接口状态，如果无法 ping 通，则只能说明 TCP/IP 有问题。这时可以在计算机的"控制面板"的"系统"中，查看网卡是否已经安装或是否出错。如果在系统中的硬件列表中没有发现网络适配器，或网络适配器前方有一个黄色的"！"，则说明网卡未安装正确。需将未知设备或带有黄色的"！"网络适配器删除，刷新后，重新安装网卡。并为该网卡正确安装和配置网络协议，然后进行应用测试。如果网卡无法正确安装，则说明网卡可能损坏，必须换一块网卡重试。如果网卡安装正确则说明是协议未安装。

④如果确定网卡和协议都正确的情况下，还是网络不通，则可初步断定是 Hub 和双绞线的问题。为了进一步进行确认，可再换一台计算机用同样的方法进行判断。如果其他计算机与本机连接正常，则故障一定是先前的那台计算机和 Hub 的接口上。

⑤如果确定 Hub 有故障，则应首先检查 Hub 的指示灯是否正常，如果先前那台计算机与 Hub 连接的接口灯不亮则说明该 Hub 的接口有故障（Hub 的指示灯，表明有设备通过网线接入该端口，但并不表示通信状态正常）。

⑥如果 Hub 没有问题，则检查计算机到 Hub 的那一段双绞线和所安装的网卡是否有故障。判断双绞线是否有问题可以通过"双绞线测试仪"或用两块万用表分别由两个人在双绞线的两端测试。主要测试双绞线的 1、2 和 3、6 四条线（其中 1、2 线用于发送，3、6 线用于接收）。如果发现有一根不通则要重新制作。

通过上面的故障检测，就可以判断故障出在网卡、双绞线或 Hub 上。

（2）协议故障

1）协议故障的表现。

协议故障通常表现为以下几种情况。

①计算机无法登录到服务器。

②计算机在"网上邻居"中既看不到自己，也无法在网络中访问其他计算机。

③计算机在"网上邻居"中能看到自己和其他成员，但无法访问其他计算机。

④计算机无法通过局域网接入互联网。

2）故障原因分析。

①协议未安装。实现局域网通信，需安装 NetBEUI 协议。

②协议配置不正确。TCP/IP 涉及的基本参数有 4 个，包括 IP 地址、子网掩码、DNS 和网关，任何一个设置错误，都会导致故障发生。

3）排除步骤。

当计算机出现以上协议故障现象时，应当按照以下步骤进行故障的定位。

①检查计算机是否安装 TCP/IP 和 NetBEUI 协议，如果没有，则建议安装这两个协议，并把 TCP/IP 参数配置好，然后重新启动计算机。

②使用 ping 命令，测试与其他计算机的连接情况。

③在"控制面板"的"网络"属性中，单击"文件及打印共享"按钮，在弹出的"文件及打印共享"对话框中检查一下，观察是否选择了"允许其他用户访问我的文件"和"允许其他计算机使用我的打印机"复选框，或者其中的一个。如果没有，则全部选中或选中一个。否则将无法使用共享文件夹。

④计算机重新启动后，双击"网上邻居"，将显示网络中的其他计算机和共享资源。如果仍看不到其他计算机，则可以使用"查找"命令，能找到其他计算机就可以。

⑤在"网络"属性的"标识"中重新为该计算机命名，使其在网络中具有唯一性。

（3）配置故障

配置错误也是导致故障发生的重要原因之一。网络管理员对服务器、路由器等的不当设置自然会导致网络故障，计算机的使用者对计算机设置的修改，也往往会产生一些令人意想不到的访问错误。

1）故障表现及分析。

配置故障更多的时候是表现在不能实现网络所提供的各种服务上，如不能访问某一台计算机等。因此，在修改配置前，必须做好原有配置的记录，并最好进行备份。

配置故障通常表现为以下几种。

①计算机只能与某些计算机而不是全部计算机进行通信。

②计算机无法访问任何其他设备。

2）配置故障排错步骤。

首先检查发生故障计算机的相关配置。如果发现错误，则修改后再测试相应的网络服务能否实现。如果没有发现错误，或相应的网络服务不能实现，则执行下述步骤。

测试系统内的其他计算机是否有类似的故障，如果有同样的故障，则说明问题出在网络设备上，如 Hub。反之，对被访问计算机所提供的服务作认真的检查。

计算机的故障虽然多种多样，但并非无规律可循。随着理论知识和经验技术的积累，故障排除将变得越来越快、越来越简单。严格的网络管理，是减少网络故障的重要手段；完善的技术档案，是排除故障的重要参考；有效的测试和监视工具则是预防、排除故障的有力助手。

1. ping 网络连通测试命令

ping 是网络连通测试命令，是一种常见的测试网络连通性的方法。使用 ping 命令可以测试端到端的连通状态，即检查源端到目的端网络是否通畅。该命令主要是用来检查路由是否能够到达，ping 命令的原理很简单，就是通过互联网控制信息协议（ICMP）从计算机源端向目的端发出一定数量的数据包，然后从目的端返回这些包的响应，以校验与远程计算机或本地计算机的连接情况。对于每个发送数据包，ping 最多等待 1s 并显示发送和接收数据包的数量，比较每个接收数据包和发送数据包，以校验其有效性。默认情况下，发送 4 个回应数据包。由于该命令的包长非常小，所以在网络上传递的速度非常快，可以快速检测要去的站点是否可达，如果在一定的时间内收到响应，则程序返回从包发出到收到的时间间隔，这样根据时间间隔就可以统计网络的延迟。如果数据包的响应在一定时间间隔内没有收到，则程序认为包丢失，返回请求超时的结果。这样如果让 ping 一次发一定数量的包，然后检查收到相应的包的数量，则可统计出端到端网络的丢包率，而丢包率是检验网络质量的重要参数。

如果网络管理员和用户的 ping 命令都失败了，ping 命令显示的出错信息是很有帮助的，可以指导进行下一步的测试计划。这时可注意 ping 命令显示的出错信息，这种出错信息通常分为四种情况。

1）Unknown host（不知名主机），该远程主机的名称不能被 DNS（域名服务器）转换成 IP 地址。网络故障可能为 DNS 有故障，或者其名称不正确，或者网络管理员的系统与远程主机之间的通信线路有故障。还有一种就是当 ping 后面直接写 IP 地址时，如果 ICMP 的回应仍然是这个出错信息，则表明本主机的 IP 地址与此次 ping 的目的地址不在一个网络中，并且本机没有配置默认网关。

2）Network unreachable（网络不能到达），这是本地系统没有到达远程系统的路由，可用 netstat-rn 检查路由表来确定路由配置情况。

3）No answer（无响应），远程系统没有响应。这种故障说明本地系统有一条到达远程主机的路由，但却接收不到它发给该远程主机的任何报文。这种故障可能是远程主机没有工作，或者本地或远程主机网络配置不正确，或者本地或远程的路由器没有工作、或者通信线路有故障，或者远程主机存在路由选择问题。

4）Request time out 如果在指定时间内没有收到应答网络包，则 ping 就认为该计算机不可达。网络包返回时间越短，Request time out 出现的次数越少，则意味着与此计算机的连接稳定和速度快。

（1）ping 命令的语法格式

ping [-t] [-a] [-n count] [-l size] [-f] [-i TTL] [-v TOS] [-r count] [-s count] [[-j host-list] | [-k host-list]] [-w timeout] destination-list

主要参数有：

-t 设置 ping 不断向指定的计算机发送报文，按<Ctrl+Break>组合键可以查看统计信息或继续运行，直到用户按<Ctrl+C>组合键中断。

-a 用来将 IP 地址解析为计算机名。

-f 告诉 ping 不要将报文分段（如果用- 1 设置了一个分段的值，则信息不发送，并显示关于 DF [Don't Fragment] 标志的信息）。

-n 指定 ping 发送请求的测试包的个数，默认值为 4。

-l　size 发送由 size 指定数据大小的回应网络包。

-i 指定有效时间（TTL）（可取的值为 1～255）。

-v 使用户可以改变 IP 数据包中的 TOS（Type of Service，服务的类型）。

-r 记录请求和回答的路由。最小 1 个主机，最多 9 个主机可以被记录。

-s 提供转接次数的时间信息，次数由 count 的值决定。

-j 以最多 9 个主机名指定非严格的源路由主机（非严格源路由主机是指在主机间可以有中间的路由器），注意-j 和- k 选项是互斥的。

-k 以最多 9 个主机名指定严格的源路由主机（严格源路由主机是指在主机间不可以有中间的路由器）。

-w 使用户可以指定回答的超时值，以 ms 为单位。

destination-list 指定 ping 的目标，可以是主机名或 IP 地址；可通过在 DOS 提示符下运行"ping-？"命令来查看 ping 命令的具体语法格式，如图 9-1 所示。

（2）ping 命令的应用技巧

用 ping 命令检查网络服务器和任意一台客户端上 TCP/IP 的工作情况时，只要在网络中其他任何一台计算机上 ping 该计算机的 IP 地址即可。例如，要检查网络文件服务器 10.1.145.2 上的 TCP/IP 工作是否正常，只要在开始菜单下的"运行"中输入 ping 10.1.145.2 就可以了。如果文件服务器上的 TCP/IP 工作正常，则会以 DOS 屏幕方式显示如图 9-2 所示的信息。

以上返回了 4 个测试数据包，其中 bytes=32 表示测试中发送的数据包大小是 32 个字节，time<10ms 表示与对方主机往返一次所用的时间小于 10ms，TTL=128 表示当前测试使用的 TTL（Time to Live）值为 64（系统默认值为 128）。测试表明的连接非常正常，没有丢失数据包，响应很快。对于局域网的连接，数据包丢失越少和往返时间越小则越正常。如果数据包丢失率高、响应时间非常慢，或者各数据包不按次序到达，那么就有可能是硬件有问题。

当然，如果这些情况发生在广域网上则不必担心太多。

图9-1　ping命令的语法格式

图9-2　ping命令的返回信息

关键的统计信息如下。

1）一个数据包往返传送需要多长时间，显示在 time= 之后。

2）数据包丢失的百分比，显示在 ping 输出结束处的总统计行中。

3）数据包到达的次序。如每个数据包的 ICMP 序号（icmp_seq）。

如果网络有问题，则返回如图 9-3 所示的响应失败信息。

出现此种情况时，就要仔细分析一下网络故障出现的原因和可能有问题的网络节点了，建议从以下几个方面来着手排查。

```
D:\>ping 10.1.145.77

Pinging 10.1.145.77 with 32 bytes of data:

Request timed out.
Request timed out.
Request timed out.
Request timed out.

Ping statistics for 10.1.145.77:
    Packets: Sent = 4, Received = 0, Lost = 4 (100% loss),
Approximate round trip times in milli-seconds:
    Minimum = 0ms, Maximum = 0ms, Average = 0ms
```

图9-3　ping响应失败信息

检查被测试计算机是否已安装了 TCP/IP。

检查被测试计算机的网卡安装是否正确且是否已经连通。

检查被测试计算机的 TCP/IP 是否与网卡有效地绑定(具体方法是通过执行"开始"→"设置"→"控制面板"→"网络"命令来查看)。

检查 Windows XP/Windows 2003 服务器的网络服务功能是否已启动(可通过执行"开始"→"设置"→"控制面板"→"服务"命令，在出现的对话框中找到"Server"项，看"状态"下所显示的是否为"已启动")。

如果通过以上 4 个步骤的检查还没有发现问题的症结，则建议重新安装并设置 TCP/IP，如果是 TCP/IP 的问题，则这时可以彻底解决。

上述应用技巧的重点仍是 ping 命令在局域网中的应用，ping 命令不仅在局域网中广泛使用，在互联网中也经常使用它来探测网络的远程连接情况。

如果执行 ping 成功而网络仍无法使用，那么问题很可能是在网络系统的其他软件配置方面，如 DNS 等。若执行 ping 不成功，则故障可能是网线不通、网络适配器配置不正确或 IP 地址不可用等。

一个简单的 ping 测试的结果，即使该测试顺利通过，也能指导网络管理员作进一步的测试，帮助找到最可能发生问题的地方。但是要深入检查问题，并找到潜在的原因，还需要其他诊断工具。

(3) ping 命令应用特例

1) ping 127.0.0.1。

127.0.0.1 是表示本地循环的 IP 地址，通过此命令主要是测试计算机上协议是否安装正确，如图 9-4 所示。如果无法 ping 通这个地址，则说明本机 TCP/IP 不能够正常工作，应重新配置 TCP/IP。

2) ping 本机的 IP 地址。

如果 ping 通了本机 IP 地址，则说明网络适配器(网卡或者 Modem)工作正常；如果 ping 不通，则说明网络适配器出现故障，需要重新安装。

ping 命令有一个局限性，它一般一次只能检测一端到另一端的连通性，而不能一次检测一端到多端的连通性。因此，ping 有一种衍生工具就是 fping，fping 与 ping 类似，唯一的差别就是 fping 一次可以 ping 多个 IP 地址，例如，C 类的整个网段地址等。网络管理员经常发现有人依次扫描本网的大量 IP 地址，其实就是 fping 做到的。

```
D:\>ping 127.0.0.1

Pinging 127.0.0.1 with 32 bytes of data:

Reply from 127.0.0.1: bytes=32 time<10ms TTL=128
Reply from 127.0.0.1: bytes=32 time<10ms TTL=128
Reply from 127.0.0.1: bytes=32 time<10ms TTL=128
Reply from 127.0.0.1: bytes=32 time<10ms TTL=128

Ping statistics for 127.0.0.1:
    Packets: Sent = 4, Received = 4, Lost = 0 (0% loss),
Approximate round trip times in milli-seconds:
    Minimum = 0ms, Maximum =  0ms, Average =  0ms
```

图9-4　正常ping本机返回

2. ARP 命令

ARP（Address Resolution Protocol，地址解析协议）是 TCP/IP 集网际层协议。TCP/IP 网络通信一般需经过两次解析，首先是将宿主机名解析为 IP 地址，称为名称解析，这是使用 DNS 或 HOSTS 文件实现的，然后由 ARP 通过查询 ARP 缓存或使用本地广播来获得目标主机的硬件地址。如果目标主机不在本地网上，则 ARP 将获得默认网关（Defualt Gateway）的硬件地址，完成 IP 地址到物理地址的解析。ARP 命令用于 IP 地址与硬件地址解析转换表的管理，包括显示、增加、删除。

默认情况下，ARP 高速缓存中的项目是动态的，每当发送一个指定地点的数据报且高速缓存中不存在当前项目时，ARP 便会自动添加该项目。一旦高速缓存的项目被输入，它们就已经开始进行失效计时。例如，在 Windows XP/Windows 2003 网络中，如果输入项目后不进一步使用，物理/IP 地址对就会在 2～10min 内失效。所以，需要通过 ARP 命令查看高速缓存中的内容时，最好先 ping 此台计算机（不能是本机发送 ping 命令）。

ARP 常用命令选项：

-a 或-g

用于查看高速缓存中的所有项目。-a 和-g 参数的结果是一样的，多年来-g 一直是 UNIX 平台上用来显示 ARP 高速缓存中所有项目的选项，而 Windows 用的是 ARP -a（-a 可被视为 all，即全部的意思），但它也可以接受比较传统的-g 选项。

-a IP

如果有多个网卡，那么使用 ARP -a 加上接口的 IP 地址，就可以只显示与该接口相关的 ARP 缓存项目。

-s IP 物理地址

可以向 ARP 高速缓存中人工输入一个静态项目。该项目在计算机引导过程中将保持有效状态，或者在出现错误时，人工配置的物理地址将自动更新该项目。

-d IP

使用本命令能够人工删除一个静态项目。

例如，在命令提示符下，输入 ARP-a；如果使用过 ping 命令测试并验证从这台计算机到 IP 地址为 10.0.0.99 的主机的连通性，则 ARP 缓存显示以下项。

Interface：10.0.0.1 on interface 0x1

Internet Address	Physical Address	Type
10.0.0.99	00-e0-98-00-7c-dc	dynamic

缓存项指出位于 10.0.0.99 的远程主机解析成 00-e0-98-00-7c-dc 的媒体访问控制地址，它是在远程计算机的网卡硬件中分配的。媒体访问控制地址是计算机用于与网络上远程 TCP/IP 主机物理通信的地址。

3. ipconfig 命令

ipconfig 提供接口的基本配置信息。它对于检测不正确的 IP 地址、子网掩码和广播地址是很有用的。

ipconfig 程序采用 Windows 窗口的形式来显示 IP 的具体配置信息，如果 ipconfig 命令后面不加任何参数直接运行，则程序将会在窗口中显示主机的 IP 地址、子网掩码以及默认网关等，还可以查看主机的相关信息，如主机名、DNS 服务器、节点类型等，如图 9-5 所示。

```
D:\>ipconfig

Windows 2000 IP Configuration

Ethernet adapter 本地连接:

        Connection-specific DNS Suffix  . : digitalchina.com
        IP Address. . . . . . . . . . . . : 10.1.145.61
        Subnet Mask . . . . . . . . . . . : 255.255.255.0
        Default Gateway . . . . . . . . . : 10.1.145.2
```

图9-5   ipconfig命令输出

1）ipconfig 命令的应用技巧。

与 ping 命令有所区别，利用 ipconfig 命令可以查看和修改网络中的 TCP/IP 的有关配置，如 IP 地址、网关、子网掩码等。

2）ipconfig 命令的语法格式。

ipconfig 可运行在 Windows 95/98/NT/XP/Vista 7/2003 操作系统的 DOS 提示符下，其命令

格式如下。

ipconfig[/参数 1][/参数 2]······

其中几个最实用的参数如下。

all：显示与 TCP/IP 相关的所有细节，其中包括主机名、节点类型、是否启用 IP 路由、网卡的物理地址、默认网关等，如图 9-6 所示。

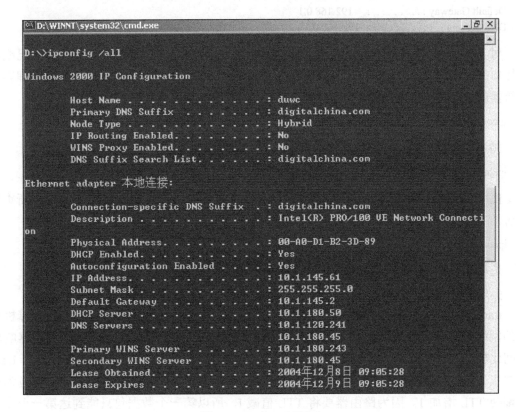

图9-6　ipconfig /all输出

其他参数可在 cmd 提示符下输入"ipconfig /?"命令来查看。

当用户的网络中设置的是 DHCP 时，利用 ipconfig 可以让用户很方便地了解到 IP 地址的实际配置情况。如果在终端上运行"ipconfig/all > a.txt"后，打开 a.txt 文件，将显示如下所示的内容，非常详细地显示了 TCP/IP 的有关配置情况。

C：\>ipconfig/all
Windows 2000 IP Configuration
Host Name . . . . ：　sue
Primary DNS Suffix　. . . . . . . ：
Node Type . . . . ：　Hybrid
IP Routing Enabled. . . . . ：　No
WINS Proxy Enabled. . . . . ：　No
Ethernet adapter　本地连接：

181

```
Connection-specific DNS Suffix   . :
Description . . . . . . . . . . :   Realtek Rtl8139（A）  PCI Fast Ethernet
Adapter
Physical Address. . . . . . . . :   00-10-88-69-00-2B
DHCP Enabled. . . . . . . . . . :   No
IP Address. . . . . . . . .    . :   192.168.0.99
Subnet Mask . . . . . . . . . . :   255.255.255.0
Default Gateway . . . . . . . . :   192.168.0.1
DNS Servers . . . . . . . . . . :   192.168.0.1
```

对 Windows 2003 操作系统而言，基本的输出是相同的，两个版本中都提供每个已配置的接口的输出列表。但在 Windows 2003 操作系统中该工具的功能有所加强，允许管理客户解析器的缓存和 DHCP 客户的种类。Windows 2003 操作系统中增加的选项如下。

ipconfig/flushdns

顾名思义，/flush dns 是用来清除客户端的 DNS 解析器的缓存的。

ipconfig/registerdns

使用选项 register dns，在客户端刷新了它的 DHCP 租借期后将使用 DNS 动态更新重新注册。

ipconfig/displaydns

选项/display dns 用于查看客户端的 DNS 解析器的缓存。

4. tracert 命令

traceroute 或 tracert 实用程序（在 UNIX 平台下一般称为 traceroute）可以查看计算机获取的网络数据，确定数据包为到达目的地所必须经过的有关路径，并指明哪个路由器响应时间比较长。一系列 ICMP 数据包（注意，大多数 UNIX 系统的 traceroute 实际发送 UDP 数据包）在发送到目的地时，前 3 个数据包的 F 值设置为 1，并对以后每 3 个数据包为一组都使 TTL 增加 1。因为路由器要将 TTL 值减 1，所以第一个数据包只能到达第一个路由器。路由器就发送 ICMP 应答到源主机，通知 TTL 已超时。这就使得 tracert 命令可以在日志中记录第一个路由器的 IP 地址。然后 TTL 值为 2 的第二组数据包沿路由到达第二个路由器，TTL 也超时。另一个 ICMP 应答发送到源主机。这个 TTL 值增加的过程一直继续下去，直到得到目的地的回答，或者是直到 TTL 达到了最大值 25 为止。使用 tracert 的命令行语法如下。

tracert [-d] [-h maximum_hops] [-j host-list] [-w timeout] target_name

此格式中各选项的意义如下：

-d 指定 tracert 不要将 IP 地址解析为主机名。

-h 指定最大转接次数（实际上指定了最大的 TTL 值）。

-j 允许用户指定非严格源路由主机（和 ping 相同，最大值为 9）。

-w 指定超时值，以 ms 为单位。

destination 即目标，可以是主机名或 IP 地址。

图 9-7 的信息显示出所经每一站路由器的反应时间、站点名称、IP 地址等重要信息，从中可判断哪个路由器最影响网络访问速度。tracert 最多可以展示 30 个"跳步（hops）"。

```
D:\>tracert 10.1.120.241

Tracing route to indnp.digitalchina.com [10.1.120.241]
over a maximum of 30 hops:

  1    <10 ms    <10 ms    <10 ms   10.1.145.1
  2    <10 ms    <10 ms    <10 ms   indnp.digitalchina.com [10.1.120.241]

Trace complete.

D:\>
```

图9-7　tracert命令返回信息

5. Route 命令

Route 命令用于管理静态路由表。静态路由表由目标（Destination）、网络掩码（Netmask）和网关（Gateway）组成。Route 命令对静态路由表的操作包括增、删、改、清除及显示，命令格式如下。

Route add [目标] [MASK　掩码] [网关]　　　　　增加一个路由
Route delete [目标] [MASK　掩码] [网关]　　　　删除一个路由
Route change [目标] [MASK　掩码] [网关]　　　　改变一个路由
Route –f　清除全部路由
Route print　显示路由表

用 Route 命令建立的静态路由没有写入文件中，因此，重新启动系统后需要重新构造。

项 目 小 结

以上的操作系统命令可以方便地完成局域网内部网络问题的快速定位，除此之外，还有很多方法可以协助完成此任务，具体问题的快速定位需要根据当时的环境和条件判断使用什么方式排查最有效。

巩固提高

通过实践结果回答以下问题。

1）ping 命令后是否可用域名而不是 IP 地址来测试连通性？

2）ARP 命令是否可查询本机的 MAC 地址？

3）tracert 命令使用什么快捷键终止？

尝试针对一个终端无法上网的故障进行诊断，将诊断的步骤和流程进行总结。分别对以下几个步骤进行排序。

nslookup   ping 网关   ARP -a   tracert 目的地   ipconfig /all

常用的网络测试命令 ipconfig 各项参数代表的作用是什么？

项目 10　配置网络管理和网络安全设备

随着计算机网络的应用越来越多，网络安全问题日益凸显。各类病毒、木马、黑客可谓越来越猖獗，那么，在网络中应该做好哪些管理和安全配置工作呢？小王又开始了新的工作。

1. 网络管理技术

（1）网络管理的基本概念

1）网络管理的定义。

网络管理是指对网络运行状态进行监测和控制，使其能够有效、可靠、安全、经济地提供服务。任务就是通过监测可以了解网络状态是否正常，是否存在瓶颈和潜在危机；通过控制可以对网络状态进行合理调节，从而提高效率，保证服务。

2）网络管理对象。

硬件资源包括物理介质（如网卡、双绞线）、计算机设备（如打印机、存储设备等）和网络互联设备（如网桥、路由器等）。

软件资源主要包括操作系统、应用软件和通信软件等。

3）网络管理的目标。

满足运营者及用户对网络的有效性、可靠性、开放性、综合性、安全性和经济性的要求。

（2）网络管理的功能

在实际网络管理过程中，网络管理应具有的功能非常广泛，包括了很多方面。在 OSI 网络管理标准中定义了网络管理的 5 大功能，即配置管理、性能管理、故障管理、安全管理和计费管理，这 5 大功能是网络管理最基本的功能。事实上，网络管理还应该包括其他一些功能，例如，网络规划、网络操作人员的管理等。不过除了基本的网络管理 5 大功能，其他网络管理功能的实现都与具体的网络实际条件有关，因此，只需要关注 OSI 网络管理标准中的 5 大功能。

1）配置管理。

配置管理是网络管理的最基本功能，负责监控网络的配置信息，使网络管理人员可以生成、查询和修改硬件/软件的运行参数和条件，以保持网络的正常操作。

2）故障管理。

故障管理的首要任务是在出现故障的情况下恢复通信；其次是找出每个故障的原因和出

故障的网络部件；第三是及时、有效地修复故障；第四是收集和分析故障管理的有效性，将分析的结果用于资源的分配，以达到业务和成本的最佳平衡。

3）性能管理。

性能管理评价被管对象行为和通信活动的有效性，通过收集统计数据，过虑、归并网络事件来分析网络的运行趋势，得到网络的长期评价，并将网络性能控制在一个可接受的水平。

4）安全管理。

安全管理负责提供一个安全政策，结合使用用户认证、访问控制、数据传输、存储的保密与完整性机制，以保障系统的安全。

5）计费管理。

计费管理负责监视和记录用户对网络资源的使用，并分配网络运行成本。

（3）网络管理模型

1）网络管理的基本模型，如图 10-1 所示。

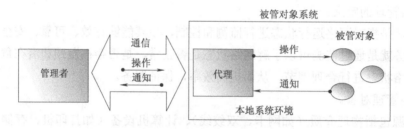

图10-1　网络管理的基本模型

网络管理者是运行在计算机操作系统之上的一组应用程序，负责从各代理处收集管理信息，进行处理，获取有价值的管理信息，达到管理的目的。

代理位于被管理的设备内部，是被管对象上的管理程序。

管理者和代理之间的信息交换方式有两种：从管理者到代理的管理操作；从代理到管理者的事件通知。

2）网络管理模式，分为以下两种。

集中式管理，是所有的网管代理在管理站的监视和控制下协同工作而实现集成的网络管理。在该模式中，至少有一个结点担当管理站的角色，其他结点在网管代理模块的控制下与管理站通信，如图 10-2 所示。

分布式管理，将数据采集、监视以及管理分散开，它可以从网络上的所有数据源采集数据而不必考虑网络拓扑结构。

（4）网络管理协议

随着网络的不断发展，规模增大，复杂性增加，简单的网络管理技术已不能适应网络迅速发展的要求。以往的网络管理系统往往是厂商在自己的网络系统中开发的专用系统，很难对其他厂商的网络系统、通信设备软件等进行管理，这种状况很不适应网络异构互联的发展趋势。20 世纪 80 年代初期互联网的出现和发展使人们进一步意识到了这一点。研究开发者们迅速展开了对网络管理的研究，并提出了多种网络管理协议，包括 SNMP、CMIS/CMIP 等。

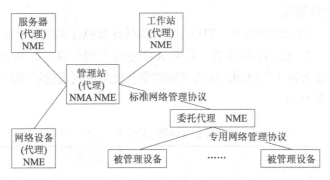

图10-2　集中式网络管理模式

2. 信息安全技术

（1）信息安全的基本概念

信息安全是指信息网络的硬件、软件及其系统中的数据受到保护，不受偶然的或者恶意的原因而遭到破坏、更改、泄露，系统连续可靠正常地运行，信息服务不中断。信息安全实现的目标如下。

真实性：对信息的来源进行判断，能对伪造来源的信息予以鉴别。

保密性：保证机密信息不被窃听，或窃听者不能了解信息的真实含义。

完整性：保证数据的一致性，防止数据被非法用户篡改。

可用性：保证合法用户对信息和资源的使用不会被不正当地拒绝。

不可抵赖性：建立有效的责任机制，防止用户否认其行为，这一点在电子商务中是极其重要的。

可控性：对信息的传播及内容具有控制能力。

可审查性：对出现的网络安全问题提供调查的依据和手段。

（2）信息安全策略

信息安全策略是指为保证提供一定级别的安全保护所必须遵守的规则。实现信息安全，不但靠先进的技术，而且也得靠严格的安全管理、法律约束和安全教育。

先进的信息安全技术是网络安全的根本保证。用户对自身面临的威胁进行风险评估，决定其所需要的安全服务种类，选择相应的安全机制，然后集成先进的安全技术，形成一个全方位的安全系统。

严格的安全管理。各计算机网络使用机构、企业和单位应建立相应的网络安全管理办法，加强内部管理，建立合适的网络安全管理系统，加强用户管理和授权管理，建立安全审计和跟踪体系，提高整体网络安全意识。

制订严格的法律、法规。计算机网络是一种新生事物。它的许多行为无法可依，无章可循，导致网络上计算机犯罪处于无序状态。面对日趋严重的网络犯罪，必须建立与网络安全相关的法律、法规，使非法分子慑于法律，不敢轻举妄动。

（3）信息安全性等级

网络安全性标准（DoD5200.28_STD），即可信任计算机标准评估准则。该标准将网络安全性等级划分为 A、B、C、D 共四类，其中 A 类安全等级最高，D 类安全等级最低。这 4 类安全等级还可以细化为 7 个级别，这些级别的安全性从低到高的顺序是 D1、C1、C2、B1、B2、B3 和 A1，见表 10-1。

表 10-1　网络安全性标准（DoD5200.28_STD）

级别	名称	主要特征
D1	最小安全保护	保护措施很小，没有安全功能，如 DOS、Windows 3.X、Windows 9X 都属于该级别
C1	选择的安全保护	有选择的存取控制，用户与数据分离，数据的保护以用户组为单位
C2	受控的访问控制	存取控制以用户为单位，广泛的审计，如 UNIX、XENIX、Novell NetWare 3.X、Windows NT 属于该级别
B1	标记安全保护	除 C2 级的安全要求外，增加安全策略模型，数据标号（安全和属性），托管访问控制
B2	结构化安全保护	建立形式化的安全策略模型，将 B1 中的自主和强化访问控制扩展到所有的主体和客体
B3	安全域	要求用户工作站或终端通过可信任途径连接到网络系统
A1	可验证安全设计	最高安全级别，除了上述各级的所有特征外，还增加一个安全系统受监控的设计要求

在我国，以 GB 17859—1999《计算机信息系统安全保护等级划分准则》为指导，将信息和信息系统的安全保护分为 5 个等级，分别是自主保护级、指导保护级、监督保护级、强制保护级和专控保护级。

3. 网络安全问题与安全策略

（1）网络安全的基本概念

所谓的网络安全就是保护网络程序、数据或设备，使其免受非授权使用或访问。它的保护内容包括保护信息和资源、保护客户机和用户、保证私有性。

网络安全的目标是确保网络系统的信息安全，主要包括信息的存储安全和信息的传输安全。信息的存储安全一般通过设置访问权限、身份识别、局部隔离等措施来保证。信息的传输安全主要是指信息在动态传输过程中的安全，主要涉及对网络上信息的监听、对用户身份的假冒、对网上信息的篡改、对信息进行重放等问题。

网络安全措施主要包括三方面：社会的法律政策、企业的规章制度以及网络安全教育；技术方面的措施；审计与管理措施。

（2）OSI 安全框架

OSI 安全框架是由国际电信联盟推荐的 X.800 方案，它主要关注 3 个部分：安全攻击、安全机制和安全服务。

1）安全攻击。在 X.800 中将安全攻击分为被动攻击和主动攻击两类。

①被动攻击。

对信息的保密性进行攻击，即通过窃听网络上传输的信息并加以分析从而获得有价值的情报，但它并不修改信息的内容。目标是获得正在传送的信息，其特点是偷听或监视信息的传递。

被动攻击主要手段分为两种：一是信息内容泄露，指信息在通信过程中因被监视窃听而泄露，或者信息从电子或机电设备所发出的无线电磁波中被提取出来而泄露；二是通信量分析，指通过确定通信位置和通信主机的身份，观察交换消息的频度和长度，并利用这些信息来猜测正在进行的通信特性。

②主动攻击。

攻击信息来源的真实性、信息传输的完整性和系统服务的可用性。有意对信息进行修改、插入和删除。

主动攻击主要手段有以下几种。

假冒：一个实体假装成另一个实体。假冒攻击通常包括一种其他形式的主动攻击。

重放：涉及被动捕获数据单元及其后来的重新传送，以产生未经授权的效果。

修改消息：改变了真实消息的部分内容，或将消息延迟或重新排序，导致未授权的操作。

拒绝服务：禁止通信实体的正常使用或管理。

③服务攻击和非服务攻击。从网络高层的角度划分，攻击方法可以分为服务攻击和非服务攻击两大类。

服务攻击是针对某种特定网络服务的攻击。例如，针对 E-mail、Telnet、FTP、HTTP 等服务的专门攻击。攻击原因为 TCP/IP 缺乏认证、保密措施。

非服务攻击不是针对某项具体应用服务，而是基于网络层等低层协议而进行的。攻击原因为 TCP/IP（尤其是 IPv4）自身的安全机制不足。

2）安全机制，指用来保护系统免受侦听、组织安全攻击及回复系统的机制。X.800 将安全机制分为特定安全机制和普遍的安全机制两大类。

3）安全服务，指加强数据处理系统和信息传输安全性的一种服务，目的在于利用一种或多种安全机制阻止安全攻击。X.800 将安全服务定义为通信开放系统协议层提供的服务，从而保证系统或数据传输有足够的安全性。

（3）网络安全模型

常用的网络安全模型如图 10-3 所示。通信一方通过互联网将消息传送给另一方，通信双方必项协调工作共同完成消息的交换。可以通过定义互联网上源到宿的路由以及通信的主体共同使用的通信协议（如 TCP/IP）来建立逻辑信息通道。

任何保护信息安全的方法都包含两个方面：一是对发送信息的相关安全变换，如消息加密；二是双方共享某些秘密消息，并希望这些消息不为攻击者所知，如加密密钥。为实现安全传输，必须有可信的第三方。例如，第三方负责将秘密信息分配给通信双方，而对攻击者保密，或者当通信双方关于信息传输的真实性发生争执时，由第三方来仲裁。上述模型说明，安全服务主要包含4个方面：安全传输、信息保密、分配和共享秘密信息、通信协议。

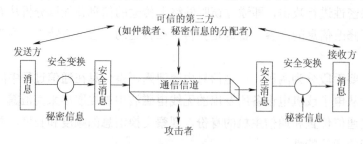

图10-3　第一种网络安全模型

第二种网络模型如图 10-4 所示，该模型希望保护信息系统不受有害访问。其中由程序引起的威胁有 2 种：信息访问威胁和服务威胁。

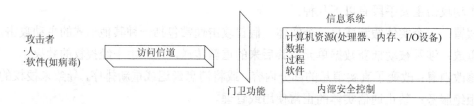

图10-4　第二种网络安全模型

4. 入侵检测技术与网络防火墙

（1）入侵者

入侵者通常是指黑客和解密高手。入侵者大致分为 3 类。

假冒者，指未经授权使用计算机的人和穿透系统的存取控制冒用合法账号的人。

非法者，指未经授权访问数据、程序和资源的合法用户；或者已经获得授权访问，但是错误使用权限的合法用户。

秘密用户，夺取系统超级控制并使用这种控制权逃避审计和访问控制或者抑制审计记录的个人。

（2）入侵检测技术

入侵检测技术可以分为统计异常检测和基于规则的检测。

统计异常检测，收集一段时间内合法用户的行为，然后用统计测试来观测其行为，判定该行为是否是合法用户的行为。

基于规则的检测，包括尝试定义用于确定给定行为是否是入侵者行为的规则集合。

1）审计记录。

入侵检测的一个基础工具是审计记录。用户活动的记录应作为入侵检测系统的输入，记录的获得有两种方法。

原有的审计记录。几乎所有的多用户操作系统都有收集用户行为的审计软件，通过这种方法获得的审计记录可能没有包含需要的信息。

专门用于检测的审计记录。可以实现一个收集机制来生成只包含入侵检测系统所需信息的审计记录。

2）统计异常检测。

统计异常检测分为两大类：阈值检测和基于轮廓的检测。

阈值检测与在一个时间区间内对专门的事件类型的出现次数有关。如果次数超出了被认为是合理的数值，那么就假定出现了入侵。阈值分析本身效率不高，并且阈值和时间区间必须是提前选定的。

基于轮廓的异常检测集中于刻画单独用户或相关用户组的过去行为特性，然后检测出明显的偏差。这种方法的基础在于对审计记录的分析，入侵检测模型会分析进入的审计记录以确定与平均行为的偏差。可用于基于轮廓的入侵检测的度量机制有计数器、标准值、间隔定时器、资源利用。利用这些度量机制，可以进行不同的检测来确定当前行为是否在可接受的限度之内。

3）基于规则的入侵检测。

基于规则的技术通过观察系统中的事件，应用一个决定给定活动模式是否可疑的规则集来检测入侵行为，分为异常检测和渗透鉴别两个方面。

基于规则的异常检测方法是基于对过去行为的观察，分析历史的审计记录来识别出使用模式，并自动生成描述那些模式的规则；然后观察当前的行为，每个事务都和规则集相互匹配，以确定它是否符合任何观察的历史行为模式。

基于规则的渗透鉴别采用了基于专家系统技术的方法。这样的系统的关键特征是要使用规则来鉴别已知的渗透，或利用已知弱点的渗透，也可以定义鉴别可以行为的规则。这样的规则不是通过对审计记录的自动分析生成的，而是由"专家"生成的。这种方法的强度依赖于在建立规则时所涉及的人的技能。

4）分布式入侵检测。

分布式入侵检测是要保护局域网内或内部互联网络内所有的主机安全。加利福尼亚大学建立的互联网安全监视器是分布式入侵检测系统的一个很好的例子。

（3）防火墙的特性

防火墙是指为了增强驻地网的安全性而嵌入到驻地网和互联网之间，从而建立受控制的连接并形成外部安全墙或者边界，用来防止驻地网收到来自互联网的攻击，并在安全性将受到影响的地方形成阻塞点。

1）防火墙的设计目标。

①所有从内到外和从外到内的通信量都必须经过防火墙。

②只有被授权的通信才能通过防火墙。

③防火墙对于渗透是免疫的。

2）防火墙用来控制访问和执行站点安全策略有 4 种常用技术。

①服务控制，确定可以访问互联网服务的类型。

②方向控制，决定哪些特定的方向上服务请求可以被发起并通过防火墙。

③用户控制，根据哪个用户尝试访问服务来控制对一个服务的访问。

④行为控制，控制怎样使用特定的服务。

3）防火墙的功能。

①防火墙定义了单个阻塞点，通过它就可以把未授权用户隔离到受保护网络之外，禁止危及安全的服务进入或离开网络，防止各种 IP 盗用和路由攻击。

②通过防火墙可以监视与安全有关的事件。在防火墙系统中可以采用监听和警报技术。

③防火墙可以为几种与安全无关的互联网服务提供方便的平台。其中包括网络地址翻译和网络管理功能部件，前者把本地地址映射成互联网地址，后者用来监听或记录互联网的使用情况。

④防火墙可以用作 IPSec 平台。

（4）防火墙的分类。

图 10-5 描述了三种最常用的防火墙：包过滤路由器、应用级网关和电路级网关。

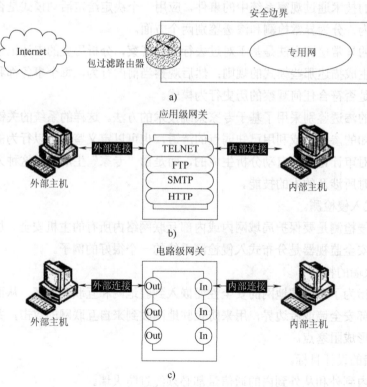

图10-5　防火墙的分类

a）包过滤路由器　b）应用级网关　c）电路级网关

1）包过滤路由器。

包过滤路由器依据一套规则对收到的 IP 包进行处理，决定是转发还是丢弃。过滤的具体处理方法视数据包所包含的信息而定，如源 IP 地址、目的 IP 地址、源和目的传输层地址、IP 域和接口等。

包过滤器可以看作是一个规则表，由规则表和 IP 报头或 TCP 数据头内容的匹配情况来执行过滤操作。如果有一条规则与数据包的状态匹配，则按照这条规则来执行过滤操作；如果不匹配则执行默认操作。默认的策略有两种。

默认丢弃策略，所有未明确允许转发的数据包都被丢弃。

默认转发策略，所有未明确规定丢弃的数据包都被转发。

2）应用级网关。

应用级网关也称代理服务器，其工作的过程大致为用户使用 Telnet 和 FTP 之类的 TCP/IP 应用程序时，建立一个到网关的连接，网关要求用户出示将要访问的异地计算机的正确名称。若用户给出了一个有效的用户 ID 和验证信息，网关就建立一个到异地计算机的应用连接，并开始在访问者和被访问者之间传递包含着应用数据的 TCP 数据段。如果网关无法执行某个应用程序的代理码，则服务就无法执行，也不能通过防火墙发送。

3）电路级网关。

电路级网关不允许一个端到端的直接 TCP 连接，它由网关建立两个 TCP 连接，一个连接网关和网络内部的 TCP 用户，另一个连接网关和网络外部的 TCP 用户。连接建立之后，网关就起中继的作用，将数据段从一个连接转发到另一个连接。它通过决定哪个连接被允许建立来实现对其安全性的保障。

5. 计算机病毒问题与防护

（1）计算机病毒

计算机病毒是一个程序、一段可执行代码，它对计算机的正常使用进行破坏，使得计算机无法正常使用，甚至整个操作系统或硬盘损坏。计算机病毒不是独立存在的，它隐藏在其他可执行的程序之中，既有破坏性，又有被传染性和潜伏性。除了复制能力外，某些计算机病毒还有其他一些共同特性：一个被感染的病毒能传送病毒载体。

1）病毒的生命周期。

计算机病毒的完整工作过程包括以下 4 个环节。

潜伏阶段，这一阶段病毒处于休眠状态。病毒要通过某个事件来激发。

繁殖阶段，病毒将与自身完全相同的副本放入其他程序或者磁盘上的特定系统区域。

触发阶段，病毒被激活来进行它想要实现的功能。

执行阶段，功能被实现。

2）病毒的结构。

病毒可以附加在可执行程序的头部或尾部，或者采用其他方式嵌入。它运行的关键在于被感染的程序，当被调用时，将首先执行病毒代码，然后再执行程序原来的代码。病毒代码被附加在被感染程序的头部，并且假设被调用时，程序的入口是程序的第一行。

一旦病毒通过感染一个程序获得了系统的入口，当被感染的程序执行时，它就处于感染一些或者所有其他可执行文件的位置。因此，通过防止病毒获得入口就可以完全避免主要的感染。

3）病毒的种类。

对于重要的类型病毒有如下分类方法。

寄生病毒，将自己附加到可执行文件中，当执行被感染的程序时，通过感染其他可执行文件来重复。

存储器驻留病毒，病毒寄宿在主存中，会感染每个执行的程序。

引导区病毒，感染主引导区或者引导记录，当系统从包含了病毒的磁盘启动时进行传播。

隐形病毒，能够在反病毒软件时隐藏自己。

多态病毒，每次感染时会改变的病毒，不能通过病毒的"签名"来检测病毒。

4）几种常见的病毒。

宏病毒，利用了在 Word 和其他办公软件中发现的特征（称为宏），自动执行的宏使得创建宏病毒成为可能，如打开文件、关闭文件和启动应用程序等。

电子邮件病毒，将 Word 宏嵌入在电子邮件中，一旦接收者打开邮件附件，该 Word 宏就会被激活。

特洛伊木马，伪装成一个使用工具或者游戏，诱使用户将其安装在 PC 或服务器上，以获得用户的账号和密码等。要注意的是木马程序本质上不能算是一种病毒。

计算机蠕虫，通过分布式网络来扩散传播特定信息或错误，破坏网络中的信息或造成网络中断的病毒。

（2）计算机病毒的防治策略

防治计算机病毒威胁的最好方法是不允许病毒进入系统。通常的防治方法能够完成检测、标识和清除等操作。

目前，可将反病毒软件分为四代。

第一代，简单的扫描程序。

第二代，启发式的扫描程序。

第三代，行为陷阱。

第四代，全方位的保护。

实训 1　配置网络安全设备

企业网络的出口使用了一台防火墙作为接入互联网的设备，并且内部网络使用私有编址方案。最近网络管理员发现，一些员工在上班时间经常访问一些娱乐网站，影响了工作质量。现在公司希望员工在上班时间不能访问这些网站（如 www.sohu.com），但是广告部员工因为业务需要，可以访问这些网站获取信息。

方案设计：企业出口放置一台防火墙 RG—WALL 60，并对其进行设置。拓扑结构如图 10-6 所示。

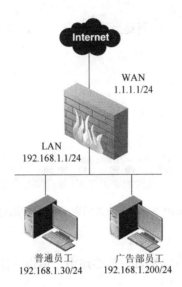

图10-6 配置URL过滤拓扑结构

操作步骤如下。

1）配置防火墙接口的 IP 地址。

进入防火墙的配置页面：网络配置—接口 IP。单击"添加"按钮为接口添加 IP 地址。为防火墙的 LAN 接口配置 IP 地址及子网掩码，如图 10-7 所示。

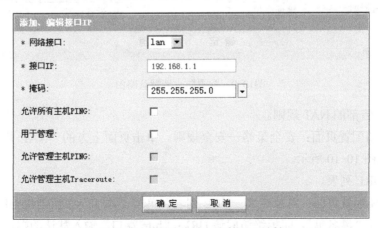

图10-7 配置防火墙LAN接口IP地址

为防火墙的 WAN 接口配置 IP 地址及子网掩码，如图 10-8 所示。

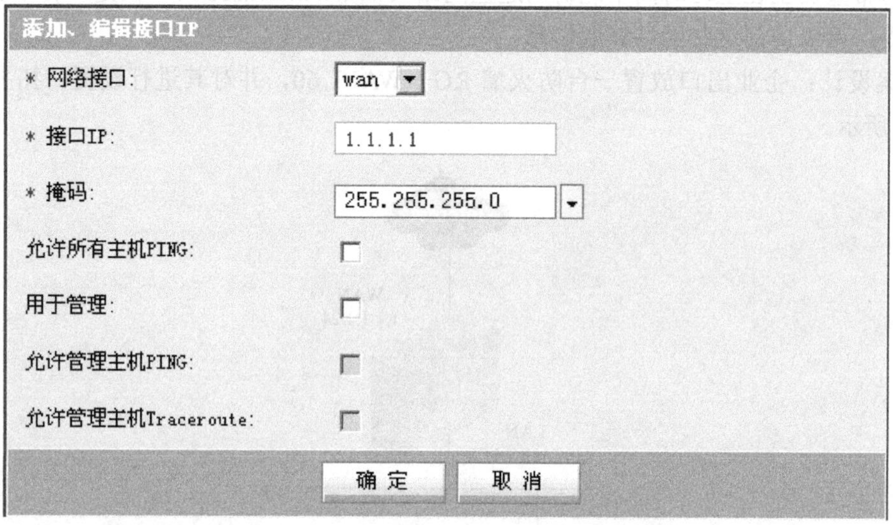

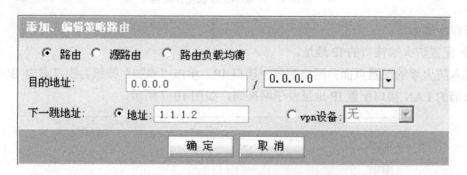

图10-8　配置防火墙WAN接口IP地址

2）配置默认路由。

进入防火墙的配置页面：网络配置—策略路由。单击"添加"按钮，添加一条到达互联网的默认路由，如图 10-9 所示。

图10-9　配置防火墙默认路由

3）配置广告部的 NAT 规则。

进入防火墙配置页面：安全策略—安全规则。单击页面上方的"NAT 规则"按钮添加 NAT 规则，如图 10-10 所示。

4）配置 URL 列表。

进入防火墙配置页面：对象定义—URL 列表。单击"添加"按钮创建 URL 列表。URL 列表的类型选择"黑名单"，即拒绝访问该 URL；"http 端口"输入默认的端口 80；在"添加关键字"中输入 URL 的关键字，如图 10-11 所示。

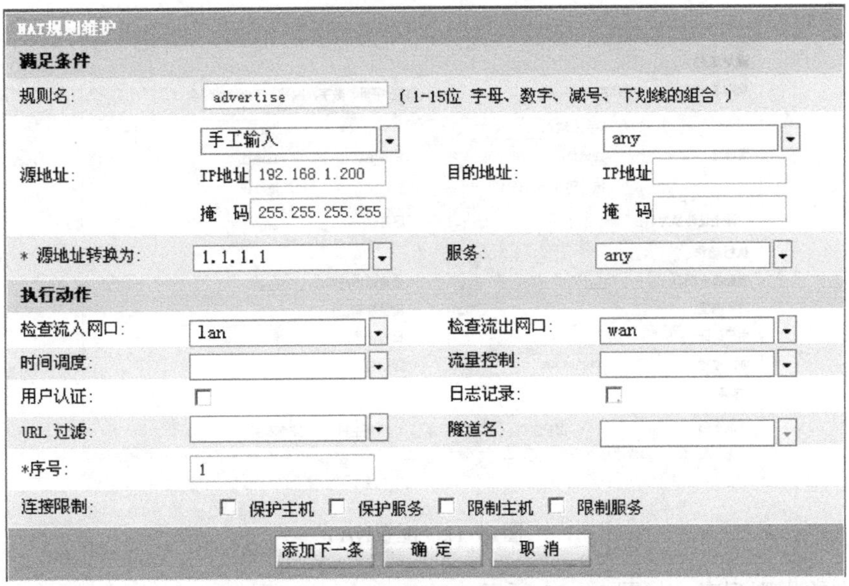

图10-10　配置防火墙NAT规则

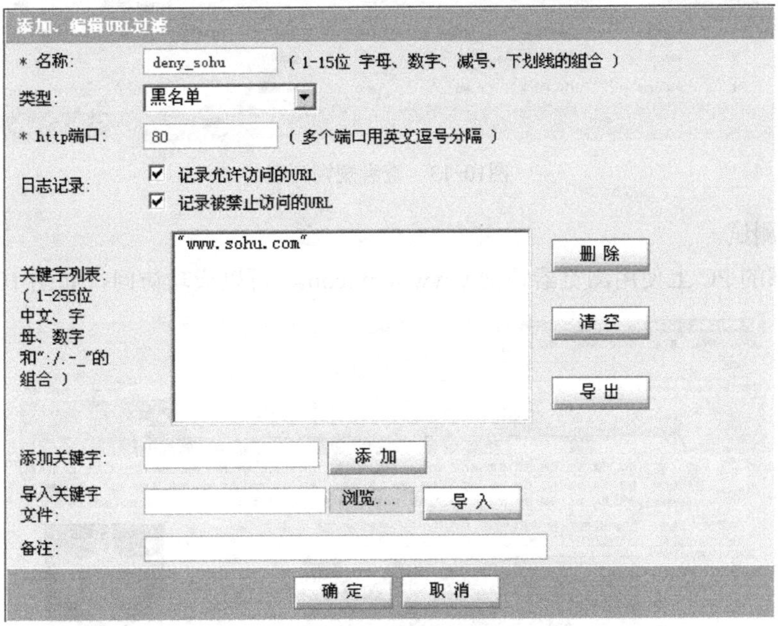

图10-11　添加URL过滤

5）配置普通员工的 NAT 规则。

进入防火墙配置页面：安全策略—安全规则。单击页面上方的"NAT 规则"按钮添加 NAT 规则。在 NAT 规则的"URL 过滤"下拉列表框中选择刚才创建的 URL 列表，如图 10-12 所示。

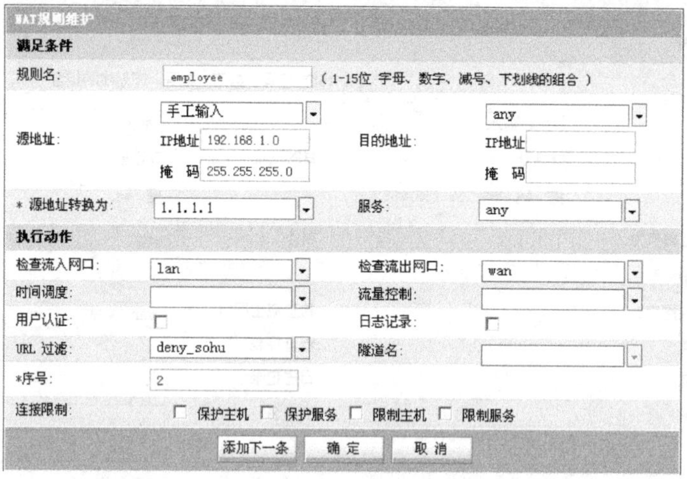

图10-12　配置NAT

配置完的规则列表，如图 10-13 所示。

图10-13　查看规则列表

6）验证测试。

在广告部的 PC 上使用浏览器访问 www.sohu.com，可以成功访问，如图 10-14 所示。

图10-14　验证测试（1）

在普通员工的 PC 上使用浏览器访问 www.sohu.com，无法打开网页，因为防火墙已经将去往 www.sohu.com 的请求阻断，如图 10-15 所示。

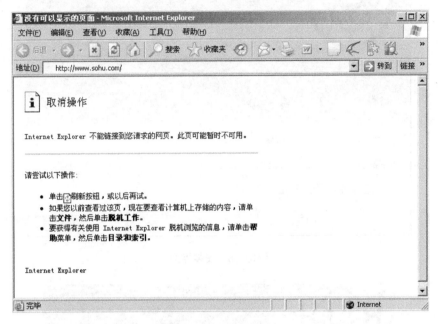

图10-15　验证测试（2）

实训 2　使用杀毒软件

刘经理的计算机最近运行得越来越慢，怀疑是病毒造成的，想请小王帮忙查杀病毒，小王下载好了最新版的瑞星杀毒软件就直奔经理室而去。

方案设计：安装杀毒软件，并且进行全面杀毒。

操作步骤如下。

1. 杀毒软件的安装

可到瑞星官方网站查阅最新的瑞星软件安装与升级动画演示。

1）启动安装程序。

找到瑞星杀毒软件下载版安装程序所在目录，双击运行此安装程序，就可以进行瑞星杀毒软件下载版的安装了，如图 10-16 所示。

2）接受许可协议。

选择"我已经阅读并同意瑞星许可协议"复选框。

3）选择安装路径后，单击"开始安装"按钮，就可以安装杀毒软件。

4）安装成功，如图 10-17 所示。

图10-16　安装界面

图10-17　完成安装

2. 手动查杀病毒

1）启动瑞星杀毒软件。

通过以下几种方式，可以快速启动瑞星杀毒软件主程序。

①双击 Windows 桌面上的瑞星杀毒软件快捷方式图标 。

②双击 Windows 任务栏中瑞星实时监控的绿色雨伞图标 。

③单击 Windows 快速启动栏中的瑞星杀毒软件图标 。

2）确定要扫描的文件夹或者其他目标，在"查杀目标"中被选中的目录即是当前选定的查杀目标，如图 10-18 所示。

3）单击"查杀病毒"按钮，则开始扫描相应目标，发现病毒立即清除；扫描过程中可随时单击"暂停杀毒"按钮来暂时停止扫描，点击"继续杀毒"按钮则继续扫描，或单击"停止杀毒"按钮停止扫描。扫描中，带毒文件或系统的名称、所在文件夹、病毒名称将显示在查毒结果栏内，可以使用右键菜单对染毒文件进行处理。

4）扫描结束后，扫描结果将自动保存到杀毒软件工作目录的指定文件中，可以通过历史记录来查看以往的扫描结果。

5）如果想继续扫描其他文件或磁盘，重复第 2）、第 3）步即可。

图10-18   选择查杀目标

通过本项目的学习，小王加强了自己的网络安全意识，并且掌握了防火墙的设置与杀毒软件的使用。

巩固提高

1. 杀毒软件

"杀毒软件"是由国产的老一辈反病毒软件厂商，如驱逐舰杀毒软件、金山毒霸、江民、瑞星等命名的，后来由于和世界反病毒业接轨统称为"反病毒软件"或"安全防护软件"。"杀毒软件"是指计算机在上网过程，被恶意程序将系统文件篡改，导致计算机系统无法正常运作中毒，然后要用一些杀毒的程序，来杀掉病毒，反病毒则包括了查杀病毒和防御病毒入侵两种功能。近年来陆续出现了集成防火墙的"互联网安全套装""全功能安全套装"等名词，都属一类，是用于消除电脑病毒、特洛伊木马和恶意软件的一类软件。反病毒软件通常集成监控识别、病毒扫描和清除及自动升级等功能，有的反病毒软件还带有数据恢复、网络流量控制等功能。

2. 杀毒软件常识

杀毒软件不可能查杀所有病毒。

杀毒软件能查到的病毒，不一定能杀掉。

一台计算机每个操作系统下不能同时安装两套或两套以上的杀毒软件（除非有兼容或绿色版，现在其实很多杀毒软件兼容性很好，国产杀毒软件几乎不用担心兼容性问题），另外建议查看不兼容的程序列表。

杀毒软件现在对被感染的文件杀毒有多种方式，包括清除、删除、禁止访问、隔离和不处理等。

3. 云安全

"云安全（Cloud Security）"计划是网络时代信息安全的最新体现，它融合了并行处理、网格计算、未知病毒行为判断等新兴技术和概念，通过网状的大量客户端对网络中软件行为的异常监测，获取互联网中木马、恶意程序的最新信息，推送到服务端进行自动分析和处理，再把病毒和木马的解决方案分发到每一个客户端。

可尝试使用自动拓扑分析，将实验室的一组设备搭建的园区模拟网络进行管理，针对其网络线路的异常情况，自动发现并以邮件形式通知管理员。

网络管理的功能是什么？